AF389571

DE L'ÉDUCATION
DES PIGEONS

DES
OISEAUX DE LUXE, DE VOLIÈRE
ET DE CAGE

PAR

ALEXIS ESPANET

2ᵉ Édition, revue et augmentée

PARIS

LIBRAIRIE CENTRALE D'AGRICULTURE ET DE JARDINAGE

RUE DES ÉCOLES, 82, PRÈS LE MUSÉE DE CLUNY

— **Auguste GOIN**, éditeur —

Anciennement QUAI DES GRANDS-AUGUSTINS, 41

DE L'ÉDUCATION

DES PIGEONS

DES OISEAUX DE LUXE

DE VOLIÈRE ET DE CAGE

Coulommiers. — Typographie A. MOUSSIN. — 222-63.

DE L'ÉDUCATION

DES PIGEONS

DES OISEAUX DE LUXE

DE VOLIÈRE ET DE CAGE

PAR

ALEXIS ESPANET

DEUXIÈME ÉDITION REVUE ET AUGMENTÉE

PARIS

LIBRAIRIE CENTRALE D'AGRICULTURE ET DE JARDINAGE

RUE DES ÉCOLES, 82, PRÈS LE MUSÉE DE CLUNY

— **Auguste GOIN**, éditeur —

INTRODUCTION

Le volume que nous publions aujourd'hui, n'offre pas seulement de l'intérêt aux spéculateurs qui veulent élever toute espèce d'oiseaux, soit pour les engraisser, soit pour les multiplier, mais il en offre aussi aux personnes qui, par goût pour ce genre d'agrément, veulent avoir des oiseaux de volière ou de cage.

Nul plaisir plus simple, plus naturel, plus doux et plus attrayant que celui d'une volière bien tenue. D'autre part, les exigences de luxe appellent l'attention des éleveurs vers plusieurs sortes d'oiseaux d'une vente recherchée et fort avantageuse. Nous croyons donc que ce petit livre ne sera pas lu sans intérêt.

C'est ainsi que nous parlions dans la 1re édition, tirée à un grand nombre d'exemplaires et rapidement écoulée.

Aujourd'hui nous avons à justifier de plus en plus la confiance des éleveurs et des amateurs, en rendant plus complet un ouvrage destiné à l'agrément sans doute, mais plus encore à l'utilité, non-seulement des propriétaires et des fermiers, qui trouvent une source de bien-être dans les produits de leurs basses-cours, mais du public, appelé à profiter des améliorations et de l'augmentation des substances alimentaires.

On comprend à peine qu'une maison de campagne ou d'agrément soit dépourvue de ces petits animaux de basses-cours, de pigeons principalement, de ces jolis hôtes dont le vol, les évolutions et les mœurs si douces, égaient une ferme, animent un lieu solitaire, réjouissent l'homme et fournissent à sa table une nourriture saine autant qu'économique, tout en contribuant à multiplier ses ressources et ses revenus.

PREMIÈRE PARTIE

PIGEONS

CHAPITRE PREMIER

Des pigeons en général.

Le pigeon de volière est connu dès la plus haute
antiquité. Aristote en parlait déjà comme d'un oiseau
fort utile et domestique, et il lui donnait jusqu'à
douze nichées par an. Les Phéniciens en éle-
vaient. Plus près de nous, les Romains en faisaient
un grand cas. Pline parle de quelques-unes de
leurs variétés ; celle de Campanie était fort recherchée ; elle s'est perpétuée sous le nom de Pigeon
romain, de forte taille, s'engraissant facilement,
mais ayant probablement perdu quelques-uns de ses
attributs, par des croisements et la négligence dont
il a été l'objet.

Les naturalistes rangent tous les pigeons sous le
nom générique de Colombe, suivi du nom de l'es-

pèce ou de la variété, et ils leur donnent les caractères généraux suivants : 1° bec droit ; 2° pointe du
bec plus ou moins renflée ; 3° narines recouvertes

Fig. 1. — Pigeon ramier.

d'une peau molle, plus ou moins tuberculeuse ;
4° tarse court, lisse ou emplumé ; 5° quatre doigts
au pied ; 6° ailes fortes et longues ; 7° queue carrée
ou conique ; 8° plongeant le bec dans l'eau pour
boire ; 9° vivant par couples, et pondant deux œufs
par couvée ; 10° dégorgeant, dans l'œsophage des
petits, pour les nourrir, les aliments plus ou moins
préparés dans leur jabot.

Les cinq parties du monde fournissent une foule
de races de pigeons, avec des variétés sans nombre.
Le genre pigeon est, avec ceux des gallinacés et des
passereaux, le plus riche peut-être en variétés et le
plus nombreux en individus. Quoique fort répandus

en Europe, ils s'y trouvent cependant moins nombreux à l'état libre ; ce sont les pays chauds qui en sont plus abondamment pourvus.

Fig. 2. — Pigeon biset.

On a distingué quatre espèces dans le genre pigeon. Mais en excluant celui des *tourterelles*, on peut réduire les quatre d'Aristote, les sept de Brisson et les trois de Buffon, à deux : 1° le Ramier ou pigeon sauvage, *fig.* 1, qui niche sur les arbres (1) ; 2° le Biset, *fig.* 2, qui niche dans les trous des vieilles bâtisses et des rochers. C'est le Biset qui a subi l'influence des soins de l'homme ; il nous fournit de suite trois groupes formés d'un grand nombre de variétés, presque toutes particulières à 'Asie, à l'Afrique, à l'Amérique et à l'Océanie. Le

(1) C'est le Ramier, moitié privé, qui orne les jardins du Luxembourg et des Tuileries, à Paris.

1.

Ramier ne laisse pas d'avoir aussi une grande variété d'espèces.

Le Biset est donc la souche des pigeons domestiques, et nous y comprenons le *pigeon fuyard*. Toutes les variétés qui descendent du Biset attestent
la longue action de la domesticité sur lui. Il n'est
ni aussi rebelle que le faisan et la pintade à cette
action, ni aussi familier que la poule ; il conserve
une certaine indépendance dans son esclavage ; cependant, plusieurs variétés ne peuvent plus se passer des soins de l'homme. Les pigeons sont plutôt
des captifs volontaires, des hôtes fugitifs, qui n'occupent le logement qu'on leur offre qu'autant qu'ils
s'y plaisent, qu'ils y trouvent une nourriture abondante et les aises de la vie.

Ce qui détermine la formation des deux espèces
du genre pigeon : 1° le Ramier, 2° le Biset, c'est
qu'ils ne produisent pas ensemble. Le lecteur n'i-
gnore pas, sans doute, que les naturalistes ont fixé
une manière invariable de distinguer les véritables
espèces des simples variétés ; c'est de s'assurer si
les êtres qui naîtront de deux individus supposés
d'espèce différente sont féconds. S'ils peuvent se
reproduire avec continuité, il n'y a pas à douter que
le père et la mère étaient de la même espèce, mais
de variété différente. Cette loi de la nature est générale. On sait, par exemple, que le serin et le chardonneret ne sont pas de la même espèce, parce que les
individus qui en proviennent sont inféconds. Dans
les oiseaux comme dans les quadrupèdes, ces sortes

d'individus s'appellent mulets. Ainsi le mulet du serin et du chardonneret, s'il pondait un œuf, cet œuf serait nécessairement infécond. Tout le monde sait que le mulet de l'âne et du cheval est stérile. Il en est de même du mulet provenant du canard commun et du canard de Barbarie.

La nature a ainsi pourvu à la conservation des types de toutes les races dans toute leur pureté, d'autant mieux que les produits des diverses variétés sont constamment ramenés au type du père après un certain nombre de générations.

Telle est la raison qui exclut toute espérance d'obtenir une espèce permanente provenant du lièvre et du lapin. De tels produits sont éphémères ils s'éteignent après quelques générations, si l'on ne revient à l'intervention du lièvre pur. (Voyez notre *Traité de l'éducation du Lapin domestique.*)

Que l'homme ait contribué à embellir son séjour par la multiplication des variétés d'animaux et de plantes, cela est probable ; mais ce privilége, indépendamment des limites que lui impose la loi que nous venons d'exposer, est encore restreint par le petit nombre d'êtres sur lesquels s'exerce son action. Il semble que Dieu lui ait livré quelques races, plus particulièrement dévolues à ses besoins et à ses plaisirs : le cheval, l'âne, le chien, le bœuf, la brebis, le porc, la poule, le pigeon ; parmi les autres, les uns semblent destinés à subir une demi-servitude, tels que le buffle, l'alpaga, l'éléphant, la pintade, le faisan ; les autres sont soustraites à la domesticité, bien que plusieurs de leurs individus puissent, par des soins particuliers, être apprivoisés, comme cela arrive pour des lions, des chacals, des gazelles, des serins, des bouvreuils, des perdrix.....

Le chien aura-t-il jamais le renard pour compagnon de chasse ? Cependant le renard, par ses ruses, serait un précieux serviteur d'un disciple de Saint-Hubert. L'âne sauvage sera-t-il jamais attelé à nos chariots ? Il est cependant si fort et si bien fait ! Mais l'homme n'a pas à se plaindre, et Dieu a merveilleusement pourvu à ses besoins et à ses plaisirs.

CHAPITRE II

Variétés de pigeons.

« On a rassemblé, dit Buffon, toutes les espéces, toutes les races connues des oiseaux domestiques ; on les a multipliées et variées à l'infini. L'intelligence et les soins de la culture ont ici, comme en tout, perfectionné ce qui était connu et développé ce qui ne l'était pas assez. Et la seule famille des pigeons se compose de plus de mille variétés, toutes plus belles que les individus dont elles tirent leur première origine. »

« Si l'on réfléchit, dit Vieillot, au nombre des races considérées comme pures, à la possibilité de les appareiller entre elles, d'en obtenir des petits, d'appareiller ceux-ci, soit avec leurs races, soit avec leurs parents, soit avec leurs frères d'une autre ponte ou d'un autre mélange, on sentira combien il est facile d'obtenir des variétés presque sans nombre. » L'on dirait, cher lecteur, que la nature, prévoyant l'inconstance, la bizarrerie, la multiplicité des goûts de l'homme, ait, pour y suffire, accordé la faculté de se varier à l'infini, aux êtres dont il doit se servir le plus et s'amuser, comme chiens, pigeons, fleurs...

Temminck a consacré trois gros volumes à la description, qui n'est souvent qu'une simple énumération, des pigeons et des gallinacés (1). Ce n'est pas le lieu, dans ce livre tout pratique, d'insister sur des noms de races et de variétés. Nous nous bornerons à désigner les principales, réduites à 24, et à énumérer quelques-unes de leurs variétés les plus utiles. Puis à côté des caractères généraux du genre pigeon, signalés dans le chapitre 1er, nous donnerons ceux qui sont particuliers aux races et qui les différencient.

1re RACE. Le *Biset (Columba livia)*. Souche de nos pigeons domestiques, pas de filet rouge autour des yeux, paupières simples, pas de morille (excroissance charnue sur le bec), bec simplement renflé vers le bout.

(1) *Histoire naturelle générale des Pigeons et des Gallinacés,* par TEMMINCK. Amsterdam et Paris, 1813-15. 3 vol. in-8°, accompagnés de 11 planches anatomiques.

Le *Biset sauvage* (*Palcias* des Grecs). Plumage cendré, à reflet bleuâtre sur le dos, à reflets dorés sur le cou, croupion blanc. En général, les couleurs du pigeon sont chatoyantes et varient selon le point de vue.

Le *Biset de colombier* (*Colombin* de Temminck, *Onas* des Grecs). Reflets métalliques du plumage, qui est cendré, le croupion bleu cendré ainsi que le dessous du corps.

Le *Biset fuyard* (*Columba livia fugiens*). Plumage plus pâle, plus ardoisé, et plus irrégulier. Nous devons dire ici, une fois pour toutes, que les bornes de cet ouvrage ne nous permettent pas une description complète quant à la grandeur, aux formes des ailes, à la coloration spéciale des pennes et des parties où le plumage varie le plus.

2ᵉ RACE. *Pigeons mondains* (*Columba admista*). Plumage varié à l'infini ; ils reproduisent presque toujours des individus différents. On range ordinairement parmi les pigeons mondains ceux qui ne se classent pas facilement sous d'autres dénominations. Ils n'ont pas toujours un filet autour des yeux, et rarement des plumes sur les tarses, comme les pigeons pattus. On en voit avec une aile noire et l'autre blanche. Les pigeons mondains sont très-répandus dans les volières, et paraissent provenir de la dégénérescence ou du mélange des autres races.

En compensation de ce qu'ils ont de moins en caractères extérieurs fixes et en pureté de race, ils ont plus de fécondité. Règle générale, plus les races sont croisées, plus les métis sont productifs. Ces pigeons sont, en outre, moins difficiles sur la nourriture, moins sujets à des maladies, et plus faciles à élever. Leur domesticité est complète ; ils prospèrent aussi bien dans un colombier que dans une écurie, dans une volière que sous un auvent, au pied d'un arbre ou dans un coin de bâtiment. En voici trois variétés les plus constantes.

Le *gros mondain* (*Columba admista crassa*). Filet rouge autour des yeux, plumage varié ou uniforme, de toutes couleurs ; il est très-gros, il atteint même à la grosseur d'une petite poule. Mais il est moins productif, il couve moins souvent et moins bien que le suivant.

Le *mondain moyen* (*Columba admista media*). De tous les pigeons, ce sont les plus communs, Leurs caractères sont indescriptibles. Ils n'en ont point et les ont tous : avec ou sans huppe, pattus ou non. Ils sont moins gros que les précédents, mais plus productifs, très-féconds. Ils sont vulgairement appelés pigeons de mois, ou à une nichée par mois.

Le *mondain de Berlin* (*Columba admista Berolini*). Filet rouge autour des yeux, plumage noir bariolé de blanc sur le dos ; variété très-répandue, très-féconde dans les pays méridionaux.

3ᵉ RACE. *Pigeons pattus* (*Columba pedibus plumosis*). Beaucoup d'amateurs négligent les *mondains*, que nous recommandons aux éleveurs. Pour les *pat-*

tus nous ne les recommandons à personne. Les plumes abondantes qui recouvrent leurs pattes et qui poussent même sous les doigts, sont pour eux un embarras, une cause de malpropreté et souvent l'occasion de nuire aux œufs et aux petits.

On distingue le pigeon *pattu ordinaire* ; le *pattu du Limousin* ; le *pattu huppé*, qui couve tous les mois, dans le midi ; le *pattu de Norwège*, un des plus gros pigeons ; il a aussi la huppe, et son plumage est tout blanc ; *le pattu frisé*, tout blanc et à plumes frisées ; *le pattu crapaud*, à cause de son corps ramassé et de sa tête aplatie et carrée.

4ᵉ RACE. *Pigeons tambours (Columba tympanisans)*. Pieds extrèmement chaussés, couronne sur le front, son de voix saccadé très-particulier, roucoulement qui, de loin, simule le bruit du tambour.

Le *glou-glou* en est la variété la plus commune. Ce pigeon fait continuellement entendre le son de *glou-glou* ; très-blanc, paupière rouge sans filet autour des yeux : tête coquillée, couronne de plumes à rebours sur le front ; très-pattu et culotté, c'est-à-dire que ses cuisses sont couvertes de longues plumes qui forment culotte ; bas sur pattes et lourd de vol. Il y en a de blancs ; ils sont plus souvent bigarrés blanc et noir. La fécondité en est très-grande. Il est difficile de les tenir propres ; ils soignent mal leurs couvées, et leur mue est plus orageuse.

On connaît encore le *pigeon tambour glou-glou jaune*, on en possède aussi de *blancs*, de *bleus* et de *rouges*; ce dernier est dit pigeon de Dresde.

5ᵉ RACE. *Pigeons grosses-gorges*, ou *boulans* (*Columba gutturosa*). La gorge ou jabot est très-enflée, par la faculté qu'ont ces oiseaux d'aspirer et de retenir un grand volume d'air. Tous les pigeons renflent le jabot, mais par moments et avec modération ; celui-ci le conserve fort gros, au point de ne pouvoir regarder devant lui, sa gorge est quelquefois aussi grosse que le reste du corps. C'est pour lui une cause fréquente de maladie et d'accidents. L'éleveur ne saurait trouver son avantage à en posséder beaucoup.

Cette race compte cependant une foule de variétés, dont voici les plus accusées : Le *grosse-gorge soupe-au-vin*, le *chamois*, le *blanc*, le *gris panaché*, le *marron*, le *rouge*, le *bleu;* plusieurs ont des plumes renversées ou en colerette au cou, ce qui leur fait donner en outre le nom de pigeons à bavette.

6ᵉ RACE. *Pigeons Lillois* (*columba insulensis*). Cette race appartient à celle des *Boulans,* la boule de la gorge est moins grosse et plutôt ovale que ronde. Elle est très-estimée et fort répandue à Lille.

7ᵉ RACE. *Pigeons maillés* (*Columba maculata*). Autre race de *grosses-gorges*, mais leur jabot est plus petit encore que celui des Lillois. Ils sont aussi moins gros ; leurs jambes sont plus courtes, et leur plumage est caractérisé par une sorte de maille qui les couvre régulièrement, comme celles d'un filet.

Les variétés tirent presque uniquement leur nom des nuances. Nous avons le *maillé jacinthe*, qui a les pieds nus et pas de liseret autour des yeux; le *maillé couleur de feu*, à bandes rouges, blanches, noires, son point de maille est couleur de feu; le *maillé pêcher*, le *maillé plein*.

8e RACE. *Pigeons romains (Columba domestica).* Très-répandus en Italie. On les suppose les descendants des fameux Pigeons de Campanie : membranes épaisses sur les narines, à la naissance du bec; ruban rouge en cercle autour des yeux, paupières rouges, iris blanc; deux sortes de fèves forment leur morille. Ils ont quelque ressemblance particulière avec les *Bagadais* et les *Miroités*, quoique moins élevés sur jambes et moins allongés du cou.

La variété dite *romain ordinaire* est le plus gros pigeon de volière après le *Turc* et le *Batave*. Il n'a point de tubercule sur le bec, point de huppe. Ses pieds sont nus; il a le plumage de diverses couleurs, mais à peu près uniforme chez chaque individu. Il vole peu, mange beaucoup et produit médiocrement.

Le *romain coupé* est plus élégant, un port plus dégagé, et ne produit pas davantage, non plus que les autres : *Romain argenté, romain faux messager, romain mantelé*.

9e RACE. *Pigeons cavaliers (Columba eques).* Race belle et féconde; elle paraît être le produit du *boulan* et du *romain*. Plusieurs variétés ont les membranes des narines épaisses, et un filet rouge autour des yeux. Leur jabot est renfoncé, la tête, portée en arrière, est petite, ce qui leur donne un air fier ou faraud, d'où le nom de quelques variétés : les *farauds*, plus hauts sur jambes, au corps plus allongé, à l'aspect batailleur. On élève surtout le *cavalier ordinaire*, le *cavalier faraud*, le *cavalier espagnol*, plus gros que les autres, mais moins fécond.

10° RACE. *Pigeons bagadais (Columba tuberculosa).* Bec long et un peu crochu, cou long et moins gracieux, développement des membranes du nez, qui présentent de gros tubercules sur les narines, avec un large ruban rouge caronculeux autour des yeux ; sa taille est grande ; il est maladroit, lourd, et son plumage tantôt blanc, tantôt noir, tantôt mélangé de rouge, de bistre. Ils sont féconds mais farouches et irritables, d'où des accidents fréquents au détriment des couvées.

La variété *Bagadais à grande morille* a un grand tubercule sur le bout du bec ; il est lourd, maladroit. Les variétés *Bagadais mondains* sont les plus jolies de cette race et les plus productifs ; ils se rapprochent du *mondain* et du *romain*. Les autres variétés tirent leurs noms des couleurs qui dominent dans leurs plumes et de certains accidents de taille et de tête.

11° RACE. *Pigeons turcs (Columba turcica).* Une des plus belles races. Elle rappelle celle des *romains* et des *Bagadais*. Ils ne sont pas tous huppés, et n'ont pas tous d'aussi fortes morilles et des membranes tuberculeuses aussi grandes. Ils sont lourds. On en trouve peu en France. On connaît le *turc huppé*, le *turc ordinaire* et le *turc veiné*.

12ᵉ RACE. *Pigeons miroités (Columba specularis)*. Ils ont les formes générales des *mondains*, et se distinguent surtout par la beauté et l'éclat de leur plumage. Ils n'ont pas de filets autour des yeux, dont l'iris est ordinairement jaune. Le *miroité rouge* est couleur de sang de bœuf, avec quelques mélanges. Le *miroité jaune* tire son nom de sa couleur, le *petit miroité* de sa taille. Ils produisent beaucoup. Leur nom vient du miroitage des bandes colorées, des pennes et des bouts d'ailes.

13ᵉ RACE. *Pigeons nonnains (Columba cucullata)*. Tous ont la tête, la queue et le vol blancs, l'œil perlé et un ruban autour des yeux. Ils offrent sur le derrière de la tête une fraise de plumes relevée qui se prolonge sur le cou jusque vers la poitrine; on a voulu y voir une espèce de capuchon, d'où le nom de nonnain. Quelquefois c'est une collerette frisée à couleurs changeantes. Ils sont petits, élégants, avec le bec court. Ils sont très-familiers, très-féconds et n'aiment pas s'éloigner de leurs habitations.

Cette race renferme une foule de variétés dont le nom offre le caractère distinctif. Le *nonnain soupe-au-vin*, le *panaché*, le *chamois pur*, le *capé* à simple coquille au lieu de capuce, le *blanc*, le *maurin* blanc et noir.

14ᵉ ʀᴀᴄᴇ. *Pigeons coquilles (Columba galeata).*
On pourrait dire *pigeons casqués.* Leur caractère
distinctif est une sorte de coquille ou casque sur
la tête ; ce casque est formé de plumes qui se relè-
vent à rebours ; le corps est petit, allongé, gracieux ; ils sont fort semblables aux nonnains et
non moins féconds.

On possède les variétés : *coquille hollandais*, le
plus gros, à plumage varié, qui a donné lieu à des
sous-variétés ; le *coquille étourneau*, noir à points
et barres grisâtres ; le *coquille russe*, le *coquille
barbu*, le *coquille tête de mort*, à tête noire, avec
une ou deux taches de couleurs diverses.

15ᵉ ʀᴀᴄᴇ. *Pigeons hirondelle (Columba hirundi-
nina).* Quelque ressemblance avec l'hirondelle de mer
leur ont valu ce nom. La tête, le cou et le vol sont
blancs, la couverture est noire, jaune, rouge, grise,
bleue. Ils sont pattus. Leur corps est gros et allongé ; leurs ailes sont grandes et longues, leurs
pattes courtes. Cette race a deux ou trois variétés :
elle se rapproche des pattus.

16ᵉ ʀᴀᴄᴇ. *Pigeons carmes (Columba carmeli-
tana).* Très-petits et bas sur jambes, huppés, pattus,
élégants, mais peu féconds ou peu heureux dans
leurs couvées.

17ᵉ ʀᴀᴄᴇ. *Pigeons polonais (Columba polonica).*
Bec gros et très-court ; bande rouge autour des
yeux, elle est parfois si large, que les deux cercles
qu'elle forme, se joignent sur le sommet de la tête ;
tête carrée ou crapautée, caroncules protubérants

à la base du bec ; forme trapue. Leur fécondité et leur beauté n'ont rien de remarquable. Les variétés *Polonais bleu et Polonais bénin huppé* sont les plus agréables.

18ᵉ RACE. *Pigeons cravatés (Columba turbita).* Il faudrait dire *Pigeons à jabot*, puisque les plumes renversées qui ornent le devant du cou jusqu'à la poitrine, forment une saillie qui rappelle un jabot. Bec court, yeux saillants, pieds nus ; ils ont la grâce des mondains. Quoique un peu lourds, ils ont un vol direct et soutenu qui les fait préférer pour servir de messagers.

Les variétés de cette race sont le *cravaté français* blanc ou chamois ; fins messagers, fort prisés en Belgique ; le *cravaté anglais*, bleu d'améthyste fort joli, aussi utilisé que le précédent pour le vol ; le *cravaté blanc ;* le *cravaté huppé.*

19ᵉ RACE. *Pigeons volants (Columba tabellaria).* Taille petite, svelte, petits tubercules sur les narines, mince filet rouge autour des yeux, iris blanchâtre, pieds nus, plumage affectant toutes les couleurs.

Le *pigeon volant messager* a les ailes plus longues, pointues, le vol très-haut, léger et droit, ses couleurs sont très-variées. C'est le pigeon messager des anciens. Il l'est aussi des modernes. Il est très-fécond.

Les autres variétés : *à cou rouge, anglais, à barbe blanche, huppé,* n'ont rien de très-remarquable.

20ᵉ RACE. *Pigeons culbutants (Columba gyra-*

trix). Corps petit, vol irrégulier, rapide, mouvement de tourbillon fréquent. Leurs mouvements singuliers ferait supposer qu'ils sont soumis à un état vertigineux particulier ; souvent, dans leur vol rapide, ils se mettent à culbuter plusieurs fois de suite ou à se laisser choir comme frappés d'un plomb mortel ; et, suivant que ce mouvement est plus ou moins prononcé, on les appelle simplement *culbutants* ou *culbutants pantomimes*, variété très-féconde. La variété *culbutante anglais* donne les plus petits pigeons connus. En général tous ces pigeons ont l'œil perlé, sablé de rouge, un filet autour des yeux, les pieds nus. Ils se rapprochent beaucoup des *volants*.

21ᵉ RACE. *Pigeons tournants (Columba gyrans)*. Un peu plus gros que les précédents, iris noir, léger filet autour des yeux ; très-productifs, mais querelleurs et jaloux à l'excès. Ils volent en tournoyant, même dans le colombier, et semblent manquer de balancier, si je puis m'exprimer ainsi. Dans leurs mouvements rapides et désordonnés ils se cassent souvent des plumes de l'aile. On peut les confondre avec les précédents. Quelques ornithologues en donnent des variétés : le *percussor* ou *frappeur* et le *batteur*.

22ᵉ RACE. *Pigeons heurtés (Columba impacta)*. Mandibule inférieure du bec blanche ; petite tache de bleu, rouge ou noir à la mandibule supérieure et se prolongeant sur la tête, queue de même couleur que cette tache, et corps blanc. Pieds nus, gris noir, fécond, familier, élégant. Le *heurté de Siam* a la queue et le masque jaunes.

23e RACE. *Pigeons trembleurs (Columba tremula)*. Très-petit, bec mince, iris jaune, yeux sans filet, ailes pendantes, queue relevée ; le *trembleur paon* l'a fort étalée, contrairement au *trembleur à queue étroite*. Ces singuliers oiseaux sont presque toujours agités d'un mouvement convulsif, d'une espèce de tremblement beaucoup plus sensible dans les moments où ils se recherchent. Leur queue large, en général, les expose à être emportés par le vent, et dérangés dans leur vol.

24e RACE. *Pigeons suisses (Columba Helvetica)*. Cette race est de la grosseur du Biset, svelte comme lui sans filet autour des yeux, son plumage est panaché de rouge ou d'une autre couleur vive, qui forme souvent cravate ou plastron. On connaît le *Suisse à couleur uniforme, bai-doré ou bis-doré, collier doré, herminé, azuré*.

L'amateur se fera sans doute une sorte de collection de races et de variétés dont tout profit ne sera pas exclu ; mais l'éleveur éloignera de ses volières les races turbulentes, malpropres et moins fécondes ; et il n'en aura pas moins d'agrément, car les variétés les plus jolies et les plus familières sont justement les plus productives, et les moins sujettes aux maladies.

Nous espérons que chacun pourra désormais mieux distinguer les races et mieux choisir. On saura que la couleur du plumage est moins caractéristique que : 1° Le filet autour des yeux et ses variétés ; 2° Le renflement ou tubercule au bout de la mandibule supérieure du bec ; 3° Les excroissances, tubercules ou membranes placées à sa naissance sur les narines ; 4° L'état des pieds nus, ou couverts de plumes ; 5° Et enfin la forme plus ou moins svelte ou trappue, le cou plus ou moins allongé, les pattes plus ou moins courtes, les ailes plus ou moins grandes.

Le Jardin d'acclimatation possède quelques variétés fort remarquables. Voici la nomenclature qu'on en trouve dans le *Guide du promeneur au Jardin zoologique d'acclimatation*, de cette année :

1° Pigeon mondain.
2° Pigeon voyageur.
     —   —   noir.
3° Pigeon volant blanc à queue noire.
     —   —   noir   —   blanche.
     —   —   rouge.
     —   —   chamois.
4° Pigeon noyer.
5° Pigeon feu.
6° Pigeon boulant (souffleur) bleu.
     —   —   chamois.
     —   —   rouge.
     —   —   noir.
7° Pigeon boulant bagadais bleu.
     —   —   —   blanc.
8° Pigeon étourneau noir à tête blanche.
     —   —   —   pleine.
9° Pigeon tambour noir.
     —   —   blanc.
     —   —   noir à barres bleues.
     —   —   rouge.

9ᵉ Pigeon tambour bleu.
— — à manteau chamois.
— — — rouge.
— — — bleu.
10° Pigeon hirondelle de Saxe noir.
— — — bleu.
— — — rouge.
— — — jaune.
11° Pigeon saxon herminé.
12° Pigeon hirondelle bleu.
— — noir.
— — rouge.
— — jaune.
— — . bleu à barres bleues.
— — rouge.
13° Pigeon russe bleu.
— — noir.
— — rouge.
— — jaune.
14° Pigeon heurté noir.
— — rouge.
15° Pigeon brésilien noir.
— — rouge.
16° Pigeon coquillé hollandais.
17° Pigeon bouvreuil.
18° Pigeon tricolore.
19° Pigeon culbutant.
20° Pigeon tomblaire.
21° Pigeon pie noir.
— — rouge.
— — jaune.
— — bleu.
22° Pigeon pie harnaché noir.
— — — rouge.
— — — bleu.
23° Pigeon à manteau bleu.
24° Pigeon à capucin blanc.
— — noir.

Pigeon à capucin rouge.
    —   —   chamoisé.
    —   —   papillotté.
25° Pigeon anglais noir.
    —   —   bleu.
26° Pigeon cravaté blanc.
    —   —   chamois.
    —   —   bleu.
    —   —   à manteau bleu.
    —   —   —   chamois.
    —   —   —   rouge.
    —   —   —   noir.
27° Pigeon polonais noir.
    —   —   rouge.
28° Pigeon paon blanc.
    —   —   bleu.
    —   —   noir.
    —   —   jaune.
29° Pigeon frisé milanais, etc.

Cette classification promet de devenir plus complète et de s'établir sur des caractères tranchés.

C'est ici le lieu de mentionner au moins : 1° La *Tourterelle, fig.* 3, dont quelques variétés ornent si agréablement les volières ; telles sont : la *Tourterelle blanche*, celle à *collier* et la *rose* ou *mailletée ;*

2° Les *Pénélopes*, oiseaux qui tiennent le milieu entre les pigeons et les faisans. Ils sont susceptibles de domesticité. Les quelques variétés qu'on en possède en France nous viennent des régions méridionales de l'Amérique. Les *Pénélopes* semblent destinés à peupler nos grandes volières et nos parcs ; leurs mœurs les disposent même à accepter l'existence de nos basses-cours ;

3° Les *Hoccos*, originaires de l'Amérique du

sol. Ces oiseaux se rapprochent assez des faisans et des poules. Ils sont généralement plus gros, huppés et d'un plumage noirâtre. Bien que *T. mininck* en ait parlé depuis longtemps, les *Hocco* sont à peu près nouveaux en France. La variété connue

sous le nom d'*Alector* a cependant été élevée sur une assez grande échelle à la Malmaison, sous l'Impératrice Joséphine, et dans quelques grandes basses-cours. Sa sensibilité au froid a semblé le rendre difficile; cependant il multiplie abondamment. il a des mœurs très-familières, et donne des espérances fondées d'en peupler nos parcs, de le naturaliser dans nos contrées.

CHAPITRE III

Colombiers. — Volières.

Pour exploiter le pigeon il faut disposer convenablement un colombier et des volières, et les peupler avec quelques précautions. Cinq cents paires de pigeons dans une basse-cour telle que nous l'avons indiquée pour les poules (1), forment le complément de travail d'une personne gagée pour une production qui comprend encore l'élevage des lapins.

1° *Colombier.* — Ayant donc à élever des pigeons domestiques et familiers, nous indiquerons l'emplacement du colombier dans l'une des basses-cours, tout auprès de la maison d'habitation, au soleil levant, autant que possible. Il peut consister en une tourelle à un ou plusieurs étages, en une chambre superposée au poulailler, ou à l'écurie, ou tout simplement en une baraque en bois supportée par des piliers. Il y aura toujours un rebord placé dans le bas des entrées ou des supports du pigeonnier pour en interdire l'abord aux rats et à tous les animaux malfaisants. En un mot, de quelque manière qu'il soit constitué, il est essentiel de le garantir de tout ennemi quadrupède ou ailé ; et quant à ces derniers,

(1) *De l'éducation des poules. dindes. oies et canards.* 1 vol. in-18, *franco,* 1 fr.

2.

il faut que les ouvertures supérieures, par où vont et viennent les pigeons, fassent saillie et ne soient pas plus grandes qu'il ne faut pour les pigeons. Dans ces conditions un oiseau de proie n'osera jamais s'y introduire, et l'on ne sera pas obligé de fermer chaque soir, au risque d'oublier d'ouvrir le matin.

Dans l'emplacement désigné, la surveillance et les soins seront plus faciles, et les pigeons profiteront des grains et autres aliments qu'ils trouveront çà et là dans les cours de la ferme.

On aura grand soin d'abriter le colombier, ou, du moins, d'en garantir les ouvertures des vents dominants et de la pluie.

Voici, pour plus de clarté, la description d'un pigeonnier de 300 paires. Il était placé au centre d'une espèce de cour de 40 mètres carrés : la cour était complantée d'arbres, d'arbustes et cultivée en herbages et en grains à l'usage des pigeons. Un filet d'eau la traversait au midi, du levant au couchant ; cette eau, coulant sur un lit de briques évasé des deux côtés, permettait aux pigeons de s'y enfoncer peu à peu, et autant qu'ils le voulaient pour boire et se laver. Et cette eau est fort utile, même nécessaire, car les pigeons aiment fort se baigner à l'aise et entrer dans l'eau pour boire.

La cour, ou plutôt ce jardin ou cet enclos, était formée d'une palissade en bois et fil de fer à claire-voie, d'un mètre d'élévation, au-dessus d'un petit mur qui avait lui-même 1 mètre de haut. Cette clôture était donc élevée de 2 mètres ; elle était couronnée par une traverse assez large, sur laquelle les pigeons se tenaient volontiers en observation.

Dans le centre s'élevait le pigeonnier représenté en coupe (*fig.* 4), et en plan (*fig.* 5), construction légère de 10 mètres carrés, consistant en briques sur champ, maintenues par des bois. Le tout était supporté par des arceaux en briques, au nombre de trois sur chaque face. Au-dessus des piliers et des arceaux, qui n'avaient qu'un mètre et demi d'élévation, existait tout autour un rebord ou tablette de 30 centimètres de saillie, pour s'opposer à l'invasion des rats et de tout animal destructeur.

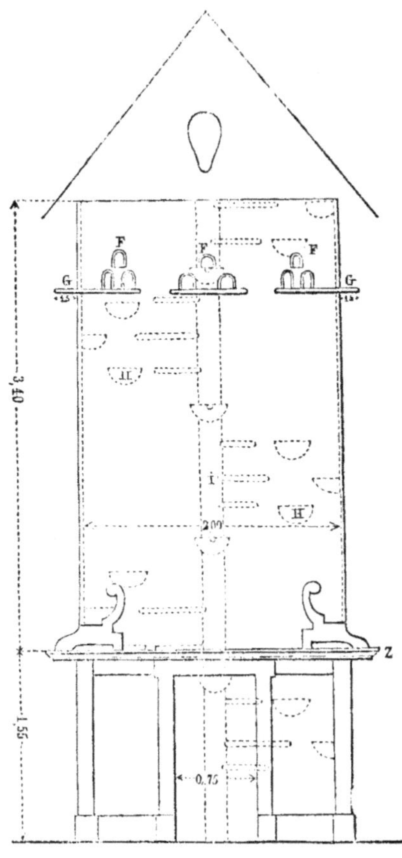

Fig. 4. — Pigeonnier.

Au midi était l'ouverture principale, la porte. On y parvenait au moyen d'une petite échelle qu'on enlevait après s'en être servi. Au niveau du seuil et au-dessus de la tablette en saillie, on avait pratiqué cinq petits soupiraux grillés sur chaque face, afin d'entretenir un courant d'air purificateur. On pouvait facilement les boucher lorsqu'il faisait froid.

Le corps de la construction avait cinq mètres d'élévation seulement. En logeant les pigeons aussi bas, on les retient plus facilement chez eux et au milieu de leur enclos. Les ouvertures destinées à leur donner issue étaient sur les trois faces opposées aux vents dominants (ceux du nord). Il y en avait deux et même trois rangs sur chaque face, par groupes de cinq à dix ouvertures, protégées par un rebord en saillie tout autour. Chacune des ouvertures donnait passage à un seul pigeon, et la partie inférieure consistait en une tablette formée d'une large brique dont la saillie était beaucoup plus prononcée, et comme le pigeon s'y portait pour entrer et pour sortir, la saillie existait aussi au-dedans.

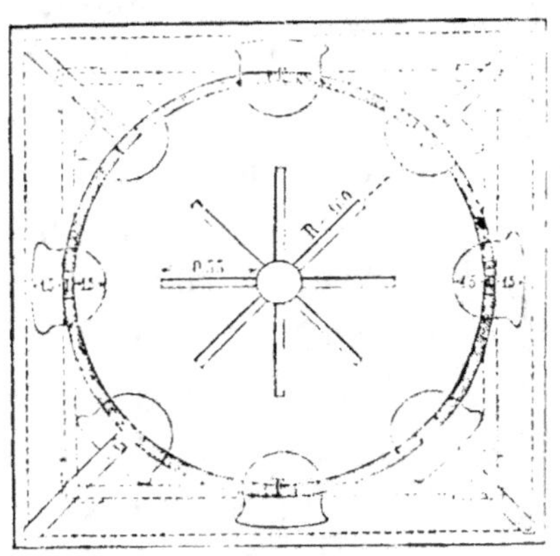

Fig. 5. — Plan du pigeonnier.

La toiture était fort légère, très-inclinée et en ardoises; les pigeons ne pouvaient s'y reposer, mais ils se reposaient sur les rebords et sur les bois horizontalement placés, en guise d'étagères, tout autour des trois faces les mieux exposées; ils régnaient au-dessous des ouvertures et servaient de promenoir aux pigeons.

La pente des toits donnait à leur sommet une hauteur de 9 à 10 mètres à ce pigeonnier, qui offrait ainsi un vaste appartement, où étaient habilement placés 1,200 à 1,500 paniers à couver (*fig.* 6) soit contre les murs, sur cinq ou six rangs ; soit dans le milieu, adossés contre des planches ; soit autour de la charpente du centre, dans l'élévation de la toiture.

Les paniers du même rang n'étaient pas sur une ligne droite ; mais l'un était 30 centimètres plus bas que l'autre, en alternant, et, en-suite, pour séparer chaque paire de paniers, on avait mis une petite planche qui interceptait la vue

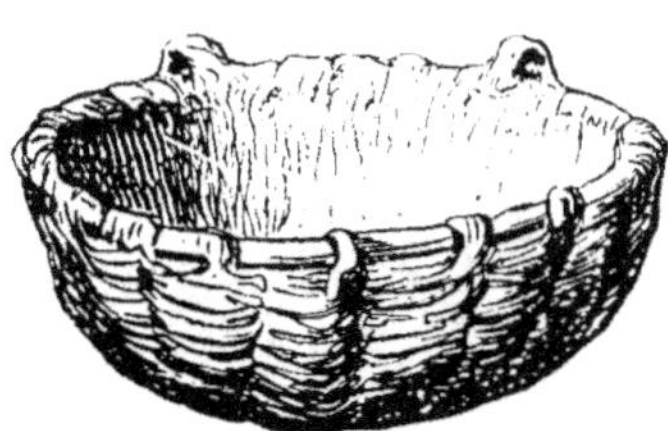

Fig. 6. — Panier à couver.

sur la ligne des paniers et empêchait les couveuses de se voir. Enfin, devant chaque rang de paniers était un barreau sur lequel les pigeons se reposaient le jour avant d'arriver à leur nid, et se juchaient la nuit. Ces barreaux étaient disposés de telle sorte que tout en étant superposés pour desservir les trois rangs de paniers qui existaient partout, nul pigeon ne se salissait, et les fientes tombaient sur le plancher.

Excepté en quelques rares jours d'hiver, on ne mettait jamais à boire ou à manger dans l'intérieur du pigeonnier : tout cela était au dehors, sous de petits pavillons, espèce de toits en planches peintes, où se trouvaient les trémies (*fig.* 7), caisses en entonnoir remplies de grains, qui s'échappent par une petite ouverture dans le bas à mesure que les oiseaux mangent ce qui est déjà sorti, et les abreuvoirs (*fig.* 8).

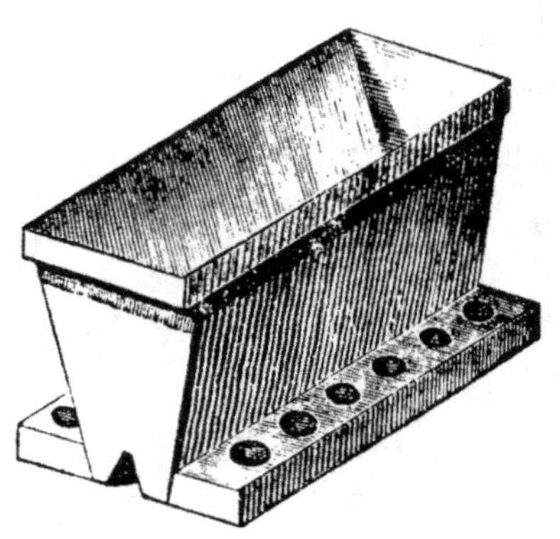

Fig. 7. — Trémie.

Voilà l'organisation la moins dispendieuse que nous ayons pratiquée. On peut, certes, construire un colombier plus élevé, à murs plus épais et plus solides, avec des tourelles et une petite cour intérieure, etc. ; mais on n'en ferait pas où l'économie serait mieux alliée à l'utile et même à l'agréable. Du reste, chacun peut, d'après ce qui précède, combiner ses idées, ses moyens d'action et son local avec nos principes, c'est-à-dire avec une organisation qui permette d'avoir le plus de pigeons dans le plus petit local, de l'aérer,

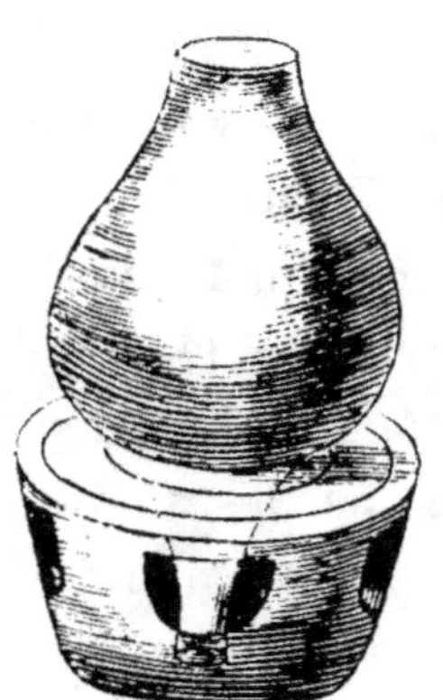

Fig. 8. — Abrevoir.

de faciliter le nettoyage, les soins de propreté et la visite des nids. On peut, à la rigueur, élever avec profit des pigeons dans les bâtiments des fermes, écuries et hangars.

2° *Volières*.— Il faut plusieurs volières pour desservir un colombier un peu populeux. L'une d'elles, la *volière de serrage*, sera grande et proportionnée au nombre de paires des pigeons. Quelques-unes, plus petites, *volières d'accouplement, d'engraissage, de dépôt*, suffiront à une ou plusieurs paires. Voici quelle est leur utilité :

La plus vaste contient les pigeonneaux retirés du nid à un mois; ils sont alors couverts de plumes et mangent seuls, ils sont, au moins, capables de manger seuls. On les destine au repeuplement du colombier ou à la vente par paires pour la production.

Il est très-important de les retirer à l'âge d'un mois, parce que les mères n'attendent pas un mois pour pondre de nouveau, souvent dans le même nid. Il en résulte que les petits la gêneraient dans ses fonctions de couveuse et la fatigueraient par leur importunité à solliciter de la nourriture. Il est vrai que le mâle s'acquitte activement de ce soin, mais il est nécessaire de le ménager aussi, afin qu'il se dispose aux soins qu'il doit donner à la nouvelle famille en se reposant quelques jours.

Quand on a mis les pigeonneaux dans la *volière de sevrage*, on s'aperçoit que tous ne mangent pas seuls; on doit alors donner la pâture à quelques-uns au moyen d'une bouillie épaisse de pain de farine et d'un peu d'herbe, le tout mêlé de quelques grains imbibés préalablement d'eau pure pendant 5 à 6 heures. Cette imbibition est nécessaire pour deux raisons : 1° ramollir le grain pour le rendre plus facile à digérer ; 2° le faire gonfler. Il faut même que le grain soit entièrement gonflé, surtout s'il forme la totalité de l'alimentation, ce qui arrive souvent, et ce qu'on fait sans inconvénient pour les pigeonneaux les plus avancés. On comprend que si l'on donnait le grain sec, il prendrait son accroissement dans le jabot du pigeonneau, qui courrait le risque d'étouffer.

Mais on n'a pas ordinairement la peine de les gorger, abecquer ou *emboquer*, car les pigeonneaux plus avancés et qui mangent seuls se chargent avec beaucoup de zèle de ce soin. A leur défaut, on n'aurait qu'à introduire dans la volière un vieux pigeon mâle ; ces doyens de colombiers éprouvent toujours pour les jeunes nourrissons une grande tendresse qui les porte à subvenir à leurs besoins, à les *abecquer*, c'est-à-dire à dégorger dans leur jabot les grains qu'ils ont mis en réserve dans le leur pour cet objet.

On doit retenir les pigeonneaux dans la *volière de sevrage* environ deux mois. C'est de 3 à 4 mois qu'ils donnent les premiers signes de recherche et de rapprochement. On s'empare alors des sujets qui commencent à accuser leur sexe ; soit les mâles par le roucoulement, les poursuites, les courbettes et salutations ; soit les femelles par les fuites, les détours, les hochements de queue. On les place dans

la *volière d'accouplement*, mais en petit nombre.
Il vaut mieux avoir plusieurs petites volières contenant deux ou trois paires, qu'on y laisse environ
deux mois.

C'est à l'âge de quatre à six mois environ que
les accouplements ont lieu. Il ne faut donc pas attendre jusqu'à ce terme pour réunir les couples
nouveaux aux habitants du colombier. Là, plus
que jamais, le mâle roucoule et fait la grosse voix
en tournoyant autour de sa compagne ; il se pa-
vane devant elle, allongeant et raccourcissant son
cou azuré, sautillant, épanouissant sa queue et
poussant de petits cris. Sa femelle, au plumage
plus simple, au corps plus petit, est plus calme,
semble éviter les abords du mâle et recevoir ses
prévenances avec une certaine dignité.

L'éleveur doit pouvoir disposer de quelques autres volières pour les pigeonneaux à l'engrais, pour
les malades, pour ceux qu'on destine au marché, à
la cuisine...

Le lecteur intelligent a déjà compris que ces
volières doivent être pourvues de barreaux, d'a-
breuvoirs, de mangeoires ou de trémies et d'un sol
garni de sable, de petits cailloux et de quelques
mottes de gazon tendre, au moins pour les volières
de sevrage et d'accouplement. Cette dernière, surtout, doit être placée en face, ou en vue du colombier et de la cour où les pigeons prennent leur
nourriture et leurs ébats. Ils s'habitueront ainsi au
spectacle du nombre, aux mœurs de leurs ancêtres,

et s'initieront graduellement à l'existence qu'on leur prépare. Une fois mêlés à la foule, ils ne seront ni empruntés, ni contrariés, ni surpris.

Rien n'est plus facile que d'établir ces volières. Les grandes occuperont une petite pièce, une chambre basse, ou une partie de cette pièce; on peut les construire en planches et grillage. Des caisses plus ou moins grandes, et à grillage, peuvent suffire pour les petites, pour celles où les pigeons ne sont déposés que momentanément.

On peuple le colombier en choisissant au printemps et avant la fin de l'été le nombre de paires que l'on désire y placer, car ce sont les pigeonneaux de printemps qui sont les plus beaux et les plus rapidement productifs; on les y retient quelques jours captifs; on les nourrit abondamment et on leur donne du sel. Pour les races moins familières, et lorsqu'on redoute le voisinage de colombiers qui peuvent les attirer, on ferait bien de choisir des couples de pigeons formés dans la volière d'accouplement, sur le lieu même. Au sortir de là, ils seront déjà attachés au lieu, habitués à ses horizons; commensaux de la volière, ils se feront volontiers les hôtes du colombier.

Les anciens avaient une foule de recettes pour retenir les pigeons dans leur colombier. Il s'est trouvé des personnes qui s'efforçaient même d'attirer les pigeons des autres chez eux. Les tribunaux ont autrefois retenti des plaintes que des propriétaires de pigeonniers de haut vol portaient contre des voisins cupides qui peuplaient les leurs aux dépens des autres.

Les pigeons aiment leurs aises, et ils les prennent où ils les trouvent. Le pigeon Biset est le plus sujet à ces recherches de la sensualité. Il aime le sel comme tous les pigeons domestiques. Ceux qui habitent près de la mer se donnent la satisfaction d'y aller souvent, si souvent qu'ils négligent leurs nichées ; si souvent qu'ils font excès du sel et qu'ils maigrissent. L'eau salée devient une passion. C'est leur absinthe.

Il ne faut donc pas s'étonner si les rusés propriétaires qui munissaient leurs colombiers de sel, ou de substances salées, retenaient leurs pigeons chez eux, et y attiraient même ceux des autres, sans le vouloir assurément, comme ils le prétendirent plus d'une fois devant les juges.

Nous établirons, dans le chapitre *hygiène*, le complément des conditions qui rendent aux pigeons leur habitation agréable et qui les y attachent du bec et de l'ongle : *unguibus et rostro*. Nous n'avons ici qu'à indiquer la fameuse recette du sel.

Le sel est donc très-recherché par les pigeons, comme par la plupart des animaux. Ils en sont si gourmands qu'ils becquettent et creusent les murs imprégnés de salpêtre, et sucent du bout du bec et de la langue les gouttelettes d'eau saline qui s'attachent aux pierres de certaines écuries. Naturellement, dans leurs excursions, s'ils trouvent un pigeonnier qui en est muni, ils s'y arrêtent, y reviennent et finissent par y rester.

Ainsi, il leur faut du sel, mais pas trop. La meilleure manière de leur en donner, c'est de clouer des queues de morue sur les poutres et les traverses du colombier, d'en fixer dans leur voisinage, et de les remplacer successivement ; car ils becquettent la queue de morue, en mangent les fibres salées et n'en laissent que l'arête. Une autre manière de leur administrer le sel, est de tenir dans le colombier ou à ses abords des pierres poreuses, du tuf, de vieilles éponges, que l'on a plongées dans de l'eau bouillante fortement chargée de sel de cuisine. Ce sel imprègne ces pierres, ce tuf, ces éponges, se cristallise en le déposant dans leurs mailles et leurs pores et quand l'eau est refroidie on les retire pour les placer à portée des pigeons.

Dans l'expédition de Laghouath, en Algérie, nos soldats, parvenus en plein désert, aperçurent une colline isolée, rocher nu et élevé, qu'ils reconnurent être une grande masse de sel. Des nuées de pigeons s'y étaient faits des nids dans une multitude de trous qu'ils avaient creusés pour extraire, par parcelles, cette friandise. Mais comme ils en mangeaient à discrétion, qu'ils en faisaient excès, ils étaient tous maigres et avaient la chair rougeâtre. Cependant ils ne manquaient pas de nourriture dans les vastes plaines qui environnaient leur demeure, peu distante de l'oasis de Laghouath.

Il est question maintenant du renouvellement de

ce petit peuple, elle mérite une place ici ; car elle n'est pas si simple qu'elle paraît l'être au premier abord.

Le pigeon est fécond pendant cinq et six ans, et plus encore. Mais pour n'être pas exposé à nourrir des sujets improductifs ou dépareillés, il convient de n'en pas garder au-delà de l'âge de six ans.

La difficulté est de reconnaître leur degré d'ancienneté. Il faudrait donc en peuplant un colombier, y introduire chaque année un cinquième de ses habitants, distingués des autres par leur race ; chaque année on ferait disparaître celle qui daterait de cinq ans.

Quelques auteurs anciens ont proposé de fixer chaque année un jour pour couper à tous les pigeons un petit bout d'un ongle. Cette opération serait faite la nuit. Dans la suite, tous les pigeons qui offriraient cinq coupures seraient mis au sac, et vendus ou mangés.

La méthode la plus facile c'est d'opérer, suivant les circonstances, le renouvellement en enlevant, au fur et à mesure, les pigeons qui languissent, ceux qui sont vieux, dépareillés ou turbulents.

Tout pigeon qui se pelotonne dans un coin, dont les ailes sont pendantes, les plumes hérissées; tous ceux dont l'œil est terne et qui ne mangent pas, qui fuient le bruit et la lumière, doivent être saisis et séquestrés. S'ils sont malades, ils peuvent se rétablir par des soins; nous en parlerons. S'ils sont vieux, il faut s'en défaire, on les reconnaîtra facilement, même au vol et à distance : pattes ternes et desséchées ou enflées, couvertes de pellicules blanchâtres; ongles longs et recourbés ; bec aminci, terne, racorni, avec l'extrémité de la mandibule supérieure crochue ; paupière éraillée, tombante et comme écaillée, œil enfoncé, sans expression ; plumage négligé, sans lustre, flétri, sale et déchiré aux extrémités de la queue et des ailes. Il faut même ne pas attendre que ces caractères se prononcent beaucoup, pour se débarrasser de ces pigeons.

Et cependant l'on aime ces vétérans, on s'attache à ces doyens du colombier. Leur familiarité plaide souvent leur cause, et on leur sait gré de vous avoir amusé et nourri de longues années. Pauvres vieux amis! vous étiez habitués à nos usages, vous connaissiez nos heures, vous distinguiez chacun de nous. Combien de fois n'étiez-vous pas venus prendre votre nourriture sur notre main, vous poser sur nos épaules, nous caresser du bec, de l'aile et du regard !

C'est chez vous, pauvres anciens, que nous trouvions un fond d'affection inaltérable, une fidélité à l'épreuve des séductions de téméraires étrangers, un dévouement touchant. Un jour nous entrons dans le colombier; à terre, dans un coin, un pigeonneau, tombé de son nid, battait des ailes et recevait la nourriture, de qui? d'un vieux pigeon tout écorné, dont nous n'avions jamais voulu nous séparer; il comptait au-delà de dix hivers, et il nous connaissait !... En nous voyant il vint se poser sur le poing que nous lui tendions amicalement, et se mit à battre des ailes en regardant le pauvre petit. Il l'avait sauvé, tandis que la mère, insoucieuse, le laissait périr de faim et de froid. Titi, c'était le nom du vieux pigeon, était un nonain jadis magnifique ; depuis deux ans, sa femelle l'avait abandonné. Loin de mettre le désordre parmi les couples plus heureux, il contribuait à la paix générale par sa fidélité aux habitudes d'ordre, et par son dévouement ; patience et fidélité, c'était la devise de Titi.

CHAPITRE IV

Croisement des races. — Mœurs.

L'amateur désireux de posséder des espèces nouvelles, de beaux sujets, doit avoir un nombre de volières en rapport avec les couples qu'il veut isoler, et avec les croisements qu'il veut obtenir.

Si toutes les races de pigeons domestiques proviennent du Biset, comme tout le fait croire, au lieu de remonter à plusieurs types, comme quelques-uns l'ont pensé, il n'y aurait qu'à placer chaque race et chaque variété dans l'ordre de sa venue et de son éloignement de la race primitive, pour établir les points de contact entre elle et faire les accouplements capables de donner les plus beaux résultats. Mais il n'est pas possible de saisir les chaînons de dégénération qui détermineraient, par exemple, la filiation du couple primitif au pigeon paon.

Cela étant, celui qui tient à posséder des nouveaux produits, doit opérer comme on le fait pour l'espèce canine. On accouple d'abord des chiens ayant des qualités, des robes, des formes de plus en plus semblables à celle qu'on veut faire naître, et que l'on obtient après trois ou quatre générations.

On comprend que le *boulan* ou *grosse-gorge*, avec le *nonain-capucin*, dont les produits seraient accouplés plusieurs fois, et dont les sujets de la troisième génération seraient croisés avec le *cavalier*, offriraient une variété certainement remarquable.

C'est ainsi qu'on a reconnu que le *boulan* et le *romain* produisaient le *cavalier-faraud*; le *boulan* et le *nonnain*, un *nonnain-mowrin*; le *carme* et le *cravaté*, un joli *nonnain* parfois panaché; le *tambour* et le *pigeon-paon*, un *trembleur-pattu* du plus beau modèle; le *tambour* et le *volant*, un *crapaud-volant-pattu*; le *romain* et le *bagadais*, un beau pigeon, des plus gros, haut sur jambes, portant les plus agréables ornements de tête; le *culbutant* et le petit *mondain* de couleurs riches, un des plus jolis *suisse*...

Les croisements opérés en vue de se procurer des perfectionnements quant aux ornements : huppes, capuces, cravates... ne sont pas moins dignes d'attention, et riches en produits. Il en est de même quant aux couleurs.

Ainsi un mâle bleu et une femelle rouge donnent des produits dorés, jaunes, parfois bistres ; un pigeon bleu et un noir donnent un plombé...

Nous n'aurions pas donné ces indications, quelques vagues qu'elles soient, s'il n'y avait pas un certain avantage à ces croisements. Ce n'est pas aux amateurs seulement que nous nous adressons, c'est encore à l'éleveur, qui cherche les produits et la rémunération de ses soins ; car, nous l'avons déjà dit, les croisements sont utiles en ce que les métis qui en proviennent sont plus féconds, plus robustes, de mœurs plus souples.

Chose admirable, plus l'action de l'homme sur les animaux se fait sentir, par exemple, dans ces croisements répétés, et plus les animaux, les pigeons surtout, amendent leurs mœurs, acquièrent des qualités précieuses, et mettent de familiarité dans leur domesticité.

Les pigeons avalent les grains sans les briser, ils font leur nid sans art et grossièrement, comme d'austères pélerins, et s'établissent par couples, travaillant ensemble à la construction du nid, et à l'alimentation des petits. Ceux-ci naissent aveugles et incapables de choisir leur nourriture : le mâle et la femelle la leur apportent à tour de rôle ; et ils ne quittent le nid que lorsqu'ils sont entièrement couverts de plumes.

Ce sont là des caractères qui séparent les pigeons

des gallinacés, comme leurs caractères, plus indivi-
duels, indiqués dans le premier et le deuxième chapitre, les différenciaient des autres espèces d'oiseaux.
Ainsi, les gallinacés sont polygames; un coq, dans
les diverses races, suffait à plusieurs poules.
Celles-ci s'occupent seules du nid, pondent un
grand nombre d'œufs, les couvent et les font éclore
sans la participation du mâle. Chez tous les gallinacés, depuis la caille jusqu'au paon, dès que les
petits sont éclos, ils voient, marchent, mangent et
reconnaissent leur nourriture sans le secours de
leurs parents; et ils boivent en prenant, dans la
mandibule inférieure du bec, de l'eau qu'ils font
couler dans l'œsophage en relevant la tête.

Buffon et d'autres ornithologistes font du roman
et de la poésie à propos des pigeons, ils ne décri-
vent leurs mœurs que pour exalter les douceurs de
leur union conjugale et leur prêter une fidélité, un
amour, des goûts qui prêtent à leur tour à l'imagi-
nation. Dans la vérité, les pigeons vivent par couple, surtout quand ils sont seuls; mais ils changent
par saison assez volontiers en suivant l'attrait des
races et des ressemblances d'âge et de forme. C'est
surtout après les deux ou trois mois d'hiver, époque
où le plus grand nombre cessent de nicher, qu'ont
lieu ces changements, appelés infidélités, et qui sont
tout simplement un effet de l'instinct dont la nature
se sert précisément pour multiplier les espèces et
entretenir ou augmenter leur fécondité.

Quand les couples se sont réformés, souvent tels

qu'ils étaient l'année précédente, il reste quelques pigeons dépareillés qui portent le désordre dans le colombier : colère, jalousie, recherche impatiente, bouderie, on ne sait, mais c'est du désordre ; et il faut y mettre fin en s'emparant de ses auteurs. S'ils sont beaux et jeunes, on les remet en volières, où ils s'accouplent, sinon on s'en débarrasse. Pareille chose arrive souvent dans le cours de l'année. On y remédie de la même manière.

C'est, du reste, un spectacle charmant que celui offert par un grand nombre de pigeons jeunes et vieux, de diverses races et de toutes couleurs, entrant et sortant du colombier ; s'empressant, les uns autour des femelles, avec force roucoulements et courbettes, les autres s'élevant à tire d'aile, prenant le haut vol comme pour fuir bien loin et retombant au milieu des autres pour se pavaner ; on voit ceux-ci occupés à remplir le jabot de quelque jeune étourdi qui a faim, et qui, sorti trop tôt du nid, n'a pas encore appris à se nourrir ; ceux-là se baignant et prenant leurs ébats autour du filet d'eau courant en petites nappes dans leur cour, ou dans leur jardin ; d'autres, sérieusement occupés à leur toilette, et se donnant l'air de réfléchir par moments, comme s'ils cherchaient à se souvenir pour ne rien oublier ; quelques-uns, réunis par groupes, voltigeant autour de leur demeure, et tous accourant à l'appel de la personne aimée qui leur distribue le grain à certaines heures.

CHAPITRE V

Pigeonnier ou colombier de haut vol. — Consommation.

Nous voulons ici parler des pigeonniers situés en pleins champs; tours élevées que les propriétaires peuplent de *pigeons fuyards*, *pigeons bisets de colombier*, ou *bisets fuyards*, moins soumis à la domesticité, et dont on a beaucoup médit. Aussi les a-t-on beaucoup oubliés. La question de leur utilité ne nous parait pas résolue, mais il n'est pas prouvé qu'ils soient nuisibles.

Au commencement de la révolution de 89, il y eut une proscription générale contre les pigeons, et chacun, pour masquer sa véritable intention, exagérait de son mieux les prétendus dégâts occasionnés par ces animaux. Le but réel que l'on se proposait, et celui dont on parlait le moins, était de faire disparaitre ces signes de la féodalité. On abattit partout les pigeonniers, dans la même intention qu'on abattait les girouettes dominant les tours à créneaux, et les châteaux à pont-levis.

Après la Restauration, M. Deffoy, membre de la Société d'agriculture de Paris, lut, à une de ses séances, un mémoire où il prenait la défense des pigeons fuyards : « Les services qu'il rend à l'agriculture, disait-il, sont tels, que dans le canton de ... ...tement de l'Aisne, où l'on a toujours

récolté le blé le plus beau, le plus net, le meilleur,
on s'est promptement aperçu de la perte des pigeons. Les terres s'y couvraient d'herbes qui étouf-
faient les récoltes, la paille y était mince et rare,
le grain peu nourri, les cultivateurs l'avaient remarqué; aussi, en prenant à cens les grandes terres,
ils imposaient aux propriétaires la condition d'y
bâtir un pigeonnier. Cette condition fut remplie,
parce qu'il fallait assurer les récoltes, et dans beaucoup d'endroits des pigeonniers furent élevés à
grands frais. On a encore remarqué que les pays les
plus abondants en blé, tels que la Beauce, étaient
ceux où les pigeonniers étaient en plus grand nombre. »

L'auteur de ce mémoire démontre que le pigeon
ne mange que les grains de blé non recouverts de
terre, par conséquent ceux qui, après avoir germé,
languissent et nuisent aux autres ; qu'il ne mange
point les grains chaulés, qu'il ne porte pas atteinte
au grain une fois qu'il est germé, enfin qu'il ne
touche pas à celui qui est encore en épi, comme
tous les oiseaux de l'ordre des gallinacés et des passereaux, puis il continue ainsi :

« En supprimant le privilége féodal des pigeonniers, on décréta que chaque particulier pouvait
avoir des pigeons, mais à la charge de les tenir en-
fermés pendant l'époque de la maturité des grains,
et on accorda à chacun la faculté de les tuer sur
sa propriété. Cette faculté secondait le germe de
destruction contenu dans la condition imposée

aux éleveurs de les renfermer à certaines époques.

« Le pigeon a un besoin indispensable d'un exercice fréquent, ses instincts de propreté sont entretenus par les besoins de se débarrasser d'insectes parasites, surtout en été..., il a besoin de varier sa nourriture... La réclusion est nuisible à leur santé et à leur fécondité... quand le temps prescrit pour la clôture est passé, les pigeons survivant sont si faibles qu'une grande partie tombe sous les serres des oiseaux de proie. Le reste, fatigué des dégoûts de la prison, la quitte, déserte la colonie et va se réfugier dans les murs élevés des vieux édifices et dans les rochers. »

M. de Vitry, membre de la même société d'agriculture, après avoir pris aussi la défense des pigeons élevés dans les pigeonniers isolés, s'exprime ainsi :

« Je vais démontrer par un calcul bien simple et bien clair la perte que nous avons faite par la destruction et la dépopulation des pigeonniers, et combien notre intérêt, celui de multiplier les subsistances, milite encore puissamment en faveur des *pigeons fuyards*, dont il n'existe plus un seul individu dans certains départements.

« Au moment de l'arrêt porté contre eux, il y avait 42 mille communes en France, il y avait donc 42 mille colombiers; je sais que dans les villes il n'en existait pas, mais je sais aussi qu'on en trouvait deux, trois, et quelquefois plus dans un grand nombre de villages, et je pense être loin de toute exag ration en comptant un pigeonnier par commune.

« Il y en avait où on comptait 300 paires de pigeons ; mais pour aller au-devant de toute objection, je ne compterai que 100 paires pour chaque, et seulement deux pontes par an, laissant la troisième pour repeupler et remplacer les vides occasionnés par les événements. Or, cent paires par pigeonnier donnent un total de quatre millions deux cent mille paires, et chaque paire donne seulement quatre pigeons par an, il en résulte seize millions huit cent mille pigeonneaux.

« Chaque pigeonneau pris au nid à 20 jours, plumé, vidé, pèse 4 onces. Les 42,000 pigeonniers fournissaient donc 64,800,000 onces d'une nourriture saine et, en général, à bas prix. Enfin, en divisant 64,800,000 onces par seize, pour connaître le nombre de livres de viande dont l'arrêt contre les pigeons nous a privés, on trouvera qu'à l'époque de leur proscription, les pigeonniers entraient pour quatre millions deux cent mille livres pesant de viande dans la nourriture de la France, et diminuaient d'autant la consommation des autres substances animales.....

« Il résulte un autre dommage de la suppression des pigeonniers : la perte de leur fiente, un des plus puissants engrais pour nos terres, et qu'on a vu vendre dans quelques départements au même prix que le blé. »

Les lois restrictives sur l'entretien des *pigeons*

fuyards sont encore un obstacle à l'établissement des colombiers de haut vol, mais il reste à l'éleveur la ressource plus sûre et plus avantageuse des volières et des colombiers, où les pigeons domestiques peuvent et doivent se multiplier autant qu'il est nécessaire.

Nous avons parlé, dans notre introduction au *Traité de l'éducation des poules*, du grand développement qu'avait pris chez les Romains le système de production des animaux de basse-cour et des oiseaux capables d'être élevés et engraissés. Ces produits, qu'ils appelaient *aliments supplémentaires*, sont devenus indispensables à notre société. Il est important que les hommes de progrès usent de leur influence, et les propriétaires de leurs moyens d'action, pour les multiplier. Les pigeons, si faciles à élever, peuvent aisément en fournir et en fournir assez pour répandre les bienfaits d'une alimentation saine d'un prix inférieur à la viande de boucherie, peu accessible déjà à de trop petites bourses. C'est le résultat que nous ambitionnons et que nous voudrions voir recherché plus sérieusement.

Le pigeon ! mais il n'y a pas de ferme, si petite qu'elle soit, pas de chaumière qui ne puisse en posséder quelques paires ; il n'y a pas de grande ferme et de propriétaire d'une terre considérable, qui ne puisse en élever sur une vaste échelle et couvrir les marchés de beaux produits.

CHAPITRE VI

Nichées.

C'est toujours le mâle qui choisit le panier où doit être déposée la future famille. On le voit suivre quelque temps la femelle avec inquiétude ; puis, quand l'instinct l'avertit que celle-ci est sur le point de pondre, on le voit s'agiter en divers endroits et y attirer sa compagne. Il se rapproche du panier dont il a fait choix, il s'y pelotonne en poussant un cri particulier, il en sort, il y revient, il va à la femelle, l'excite, la stimule du bec et de l'aile, l'entraîne enfin vers le panier, s'y précipite, semble s'y cacher ; et ce manége dure jusqu'à ce que la femelle paraisse comprendre enfin. On la voit alors se jeter sur le mâle tandis qu'il est dans le panier, le chasser à coups d'ailes et se mettre à sa place.

Au bout de quelques instants on voit revenir le mâle portant une paille à son bec ; dès ce moment sa compagne se met à l'œuvre, et en une demi-journée le nid est achevé, nid grossier muni à peine de quelques grosses pailles. Un ou deux jours après la femelle a pondu deux œufs, qu'elle couve avec la plus grande assiduité pendant 17 à 18 jours.

On doit ne leur donner que des paniers commodes, ni trop grands ni trop petits. Et nous devons à ce sujet quelques détails dont on comprendra

l'utilité; ils s'adaptent à toutes les espèces d'oiseaux.

La forme des paniers à couver (*fig. 9.*) doit être
ronde autant que possible, ou assez peu tronquée du
côté par lequel ils sont appliqués au mur : car le pigeon doit pouvoir s'y tourner et s'y retourner sans
que sa queue s'accroche nulle part ou soit trop re-
troussée, pendant qu'il exécute les mouvements rota-
toires. Il faut de plus que le panier ne soit pas trop
profond, car ils aiment à surveiller ce qui les entoure. Le pi-
geon doit
pouvoir, en
levant la tête,
observer ce
qui se passe
ou se tenir

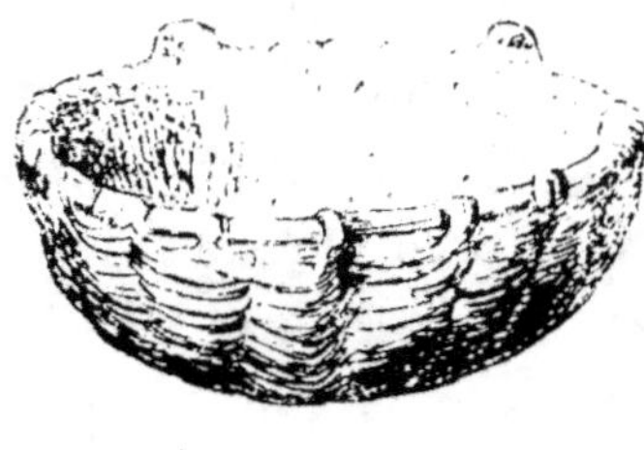

tapi et se ca-
cher, et pour
cette dernière
raison le pa-
nier ne doit
pas être trop
plat. Les di-
mensions que l'expérience nous avait fait adopter
étaient 35 centimètres de diamètre et 15 de profondeur au centre, le panier étant hémisphérique.
Nous remarquons encore que les pigeons donnent
la préférence à la paille grossière, aux tiges assez
consistantes d'herbes sèches, pour la construction
de leurs nids. On sait que les pigeons sauvages ne
construisent qu'un nid grossier à peine capable parfois de contenir les œufs.

La disposition des paniers doit aussi être telle,
que le pigeon d'un nid n'aperçoive pas celui d'un
autre nid, et que nul d'entre eux n'ait à se reposer
directement sur le nid en arrivant. C'est pour cela

que l'on place toujours, comme nous l'avons dit,
une traverse ou barreau en avant des paniers : de
cette façon les pigeons ne se reposent ni ne se ju-
chent sur les bords des paniers et ne les salissent
pas.

La matière qui sert à la construction des paniers
mérite une attention particulière. L'osier est plus
économique, mais la terre cuite non vernie semble
préférable pour la propreté. Les pigeons aiment
assez faire leurs nids dans des caisses ouvertes
par un coin. Malheureusement il est difficile de les
nettoyer.

Le nombre de paniers est chose encore fort importante. Il en faut deux pour une paire, et au
moins trois pour deux paires de pigeons, si le colombier est en partie peuplé de races moins fécondes. On compte en général sur deux paniers par
paire, parce que la femelle pond deux œufs et les
couve pendant dix-neuf jours à peu près. Les petits sont encore réchauffés pendant cinq à sept jours
par le mâle ou par la femelle, après quoi celle-ci
pond encore. Un second panier lui est donc nécessaire, puisque les petits du premier ne sont en état
de quitter leur nid que trois semaines environ après
l'éclosion. Si le panier où ils sont était trop grand,
la femelle pondrait souvent à côté d'eux ; le panier
ne pourrait être nettoyé, et il s'ensuivrait de gra-
ves inconvénients, dont le pire est la vermine, qui
fait souvent abandonner le nid à ces oiseaux.

Aussitôt après l'éclosion, le mâle, qui auparavant

venait remplacer sa compagne sur les œufs, deux fois par jour pendant quelques instants, reste désormais un peu plus dehors ; il joue avec elle, finit au bout de quelques jours par la retenir avec lui loin du nid, et se charge seul des pigeonneaux ; il les nourrit avec une espèce d'acharnement, les gorgeant quelquefois jusqu'au bec. Pendant ce temps la femelle pond, et couve de nouveaux œufs. Dans les petites espèces, les pigeonneaux ne quittent pas le nid que les œufs de la deuxième couvée ne soient éclos, et ainsi de suite jusqu'à la fin de l'année.

Nous avons dit que l'éclosion avait lieu du 17e au 18e jour.

On semble généralement attribuer une grande importance à la régularité de la chaleur pour l'éclosion des œufs. Il faut une certaine régularité, mais non telle qu'on l'imagine. La sensation de froid momentanée qu'éprouve le germe, quand la mère quitte un instant les œufs, paraît au contraire nécessaire pour opérer une réaction qui excite la vitalité des germes.

On distingue un œuf fécondé à une tache obscure, à un petit corps opaque qu'on aperçoit vers le milieu de l'œuf, interposé entre l'œil et une vive lumière en l'entourant d'un corps opaque, des mains, par exemple. Dès le quatrième jour de l'incubation on remarque des vaisseaux sanguins irridiant autour du corps opaque. Vers le 6e jour, l'œuf perd sa transparence en totalité.

Il est quelquefois utile de faire des substitutions

d'œufs. Si une paire de pigeons périt ou disparaît après la ponte, on peut donner ses œufs à une couveuse qui a cassé ou laissé pourrir les siens. Il faut pour cela choisir autant que possible des pontes du même jour. Il faut aussi cacher cette manœuvre à la mère.

Les races les plus fécondes sont en état de faire 12 couvées par an; mais, en réalité, il ne faut compter que sur neuf pontes; car celle de juillet ou d'août manque souvent à cause de la chaleur, et le froid de l'hiver en fait aisément manquer deux.

Aussitôt qu'une femelle a pondu son dernier œuf elle se met à couver avec autant d'assiduité que d'empressement. Le mâle rôde autour d'elle ou s'en fait entendre par des roucoulements fort doux, comme pour la désennuyer et lui indiquer qu'il est prêt à la défendre. Ce modèle des pères vient régulièrement tous les jours de 10 à 11 heures du matin remplacer la femelle, souvent jusqu'à 4 heures du soir, dans ses pénibles fonctions. Sa compagne revient fidèlement quand elle a pris sa réfection, sa récréation et ses ébats, pour ne plus quitter son nid de toute la nuit. Que s'il lui arrive de tarder, emportée par le plaisir de la promenade, le mâle inquiet va la chercher et la ramène à grands coups de bec.

On reconnaît que les œufs vont éclore, à ce qu'ils offrent une teinte terne, et qu'ils sont *léchés*, c'est-à-dire un peu fendus vers le gros bout. C'est l'œuvre du pigeonneau ; son bec, muni à son extrémité supérieure d'un petit tubercule dur, lui a servi de marteau pour casser l'œuf. Ses efforts de dilatation font le reste. Ce tubercule, chez ces petits animaux, ne tarde pas à se détacher du bec et à tomber quelquefois dès le lendemain de l'éclosion.

La manière dont les pigeons nourrissent leurs petits mérite de nous arrêter un instant. La membrane interne du jabot est garnie d'une multitude de petites glandes sécrétant un liquide de moins en moins abondant et épais, à mesure que les pigeonneaux avancent en âge.

Ce liquide nutritif est donné presque seul, les premiers jours, dès 4 à 6 heures après l'éclosion, alors que les pigeonneaux ont été bien essuyés et séchés sous la mère.

Au bout de quelques jours, les pigeons y mêlent des grains qu'ils ont soin de laisser macérer plusieurs heures dans leur jabot en contact avec la liqueur nourricière. La quantité en est graduellement augmentée, et donnée seulement après qu'ils ont subi tout le gonflement dont ils sont susceptibles, et même un commencement de digestion.

Ce liquide ainsi sécrété par des glandules renfermés dans la membrane du jabot, donne l'idée du lait des mammifères. Tout porte à croire que les pigeons subissent une certaine crise laiteuse ; d'abord parce qu'ils sont calmes et tranquilles pendant l'élaboration de la nourriture destinée aux petits, ensuite parce qu'ils sont indisposés quand un accident imprévu les prive trop tôt de leur nourrisson. Cette indisposition prend même souvent les proportions d'une maladie. Tantôt la suppression de cette espèce d'allaitement les jette dans le marasme, tantôt elle détermine l'inflammation du jabot. La suppuration en est la terminaison la plus favorable. En pareils cas, nous nous sommes empressés de donner des pigeonneaux à nourrir aux pigeons privés brusquement des leurs, et ils se rétablissaient aussitôt quand l'inflammation n'était pas trop avancée.

Entendez-vous, dans le colombier, des cris plaintifs et fréquents partir d'un nid, soyez sûr qu'il y a des pigeonneaux souffrants ou délaissés. Surveillez-les, et vous vous apercevrez que le père ou la mère ne suffisent pas à les nourrir parce qu'ils sont malades; ou qu'ils les ont abandonnés.

La surveillance exacte est d'autant plus nécessaire, que des pigeonneaux tombent souvent du nid soit par leur ardeur à se porter au-devant de la nourriture, soit par la maladresse des parents, ou même par suite de l'agitation qu'occasionne la vermine dont le nid est infecté.

Il arrive quelquefois que des rats vont manger les pigeonneaux, ou que ceux-ci tombent du nid en se débattant. Nous avons vu dans une écurie, un pigeonneau à moitié dévoré, et l'autre errant à reculons sur le fumier. On rapporte que des moineaux voraces s'étant introduits dans un colombier, furent tentés de gourmandise à la vue des jabots replets et rebondis d'un pigeonneau sans plumes. Ils allè-

rent à lui et firent si bien à coups de becs que le
jabot s'ouvrit et découvrit à leurs yeux avides un
magasin de grains tout préparés : ils s'en rassasiè-
rent. Ils se disposaient, le lendemain à y revenir
quand ils trouvèrent la mort dans un piége que leur
avait tendu un éleveur vigilant et soigneux.

CHAPITRE VII

Nourriture. - Engrais.

Les pigeons sont essentiellement granivores :
dans l'état naturel ils mangent de toute sorte de
graines, mais lorsque la terre est couverte de neige,
ils se nourrissent, comme les perdrix, de brins
d'herbes, de lichens et de certains bourgeons d'arbres. Dans l'état de domesticité, ils ne sont pas ré-
duits à cette nécessité, cependant c'est avec avantage qu'on leur offrira des bouillies ou pâtées faites
avec des farineux (grains, pommes de terre, farines
auxquels on mêle des herbes cuites ou crues (laitues, gazon, orties) ; on sale le tout. Cette pâtée est
fort utile pour tous, à l'époque de la mue générale (août et septembre), et pour les pigeons qui
ont de jeunes couvées pendant toute l'année.

Comme cette pâtée est moins échauffante que le

grain, elle est même rafraîchissante ; on peut en donner habituellement, à condition de surveiller l'emploi qu'en font les pigeons ; et de la retrancher, s'ils s'y adonnaient trop exclusivement.

Il est des cas, au contraire, où il convient de les exciter un peu, de les échauffer, par exemple, en volières, s'il s'agit de hâter des accouplements, et après la mue ainsi que vers la fin des grands froids, pour les disposer à la production. On leur distribue alors quelques rations de graines de chanvre, deux ou trois grammes par jour et par tête, pendant quelques jours.

Une règle importante dans l'alimentation des pigeons, c'est de varier leur nourriture : on peut se borner à deux ou trois sortes de grains pour ceux qu'on a en volière et dont on peut surveiller la santé plus directement, et changer le régime à propos ; mais pour le commun des pigeons, il convient de le changer plus souvent, tantôt en mêlant une moitié des grains divers, tantôt en donnant l'autre moitié pendant une saison, un mois, 15 jours ; d'autres fois en les mêlant tous dans les rations.

La vesce et les pois sauvages, tels que l'ers, sont certainement ce qu'ils préfèrent et ce qui leur est le plus favorable. Le sarrasin, l'orge, le maïs gros ou petit sont encore d'excellents aliments. Les lentilles, les pois cultivés, les féverolles, l'avoine, le blé, les pépins de raisin extraits du marc après la vinification, sont également bons. On peut leur donner aussi les criblures des différentes récoltes de ces grains. L'avoine les échauffe, au contraire le blé les relâche ; il ne leur convient que comme tempérant, adoucissant, rafraîchissant. Il faut leur en donner, dans les volières ou en commun, lorsqu'on s'aperçoit que leurs fientes sont dures, trop moulées, sèches et même enveloppées d'une sorte de pellicule, ce qui est une marque certaine d'irritation.

Les grains se peuvent mettre dans des trémies, comme celle figurée page 34, qu'on place sous des abris pour les pigeons libres ; mais, en général, il convient de jeter sur le sol battu, au-devant du colombier, les rations journalières, qu'on distribue à heures fixes deux fois par jour : le matin à 10 heures et le soir à 3 heures. Il est nécessaire de donner un signal, un double coup de sifflet est le meilleur. Ce son a plus d'action sur les couveuses ; elles ont besoin d'être appelées au repas, car si elles n'arrivaient pas assez tôt, elles seraient frustrées de leur pitance et obligées de quêter avec peine çà et là leur nourriture.

Il faut, par jour, et pour 500 paires de pigeons, environ 25 kilogrammes de grains mêlés ; et un à cinq kilogrammes de pâtée, suivant les saisons et les circonstances que nous avons signalées. C'est une dépense qui ne va pas à 2,000 fr., mais admettons ce chiffre pour donner aux frais plus d'expression qu'aux revenus.

D'autre part, cinq cents paires de pigeons, donnent, l'une dans l'autre et bon an, mal an, sept paires de pigeonneaux, toute part faite à la mortalité, au défaut de ponte en hiver et à l'absence de nichées au temps de la mue ; cela fait un total de trois mille cinq cents paires, qui, vendues 1 fr., donnent une somme de 3.500.

Le bénéfice est donc de 1,500 fr.,

Et nous ne faisons pas entrer en ligne de compte la colombine et les autres matières propres à faire des fumiers, tout ce produit des nettoyages et des balayages, qui, au plus bas chiffre, s'élève à 1 fr. 50 c. par paire, et donne une somme annuelle de 750 fr. Nous abandonnons ces 750 fr. pour les faux frais, pour supplément à la personne chargée des basses-cours, et pour le fermier qui fournira la paille et quelques journées de travail.

Quoique les pigeons soient ordinairement livrés à la consommation vers l'âge de 25 jours, nous insisterons beaucoup pour que l'on attende le 30e et même quelques jours de plus ; une paire de pigeonneaux doit valoir alors 50 c. de plus, eu égard à sa grosseur ; mais il faut arriver à quelque chose de mieux.

Pour cela, il n'est pas nécessaire, comme on le pratiquait dans quelques contrées, de casser les jambes aux pigeonneaux pour les empêcher de quitter le nid, et pour obliger leurs parents à les nourrir plus longtemps. Cette méthode est cruelle et inutile. Elle est même nuisible, parce que la femelle qui s'est remise à couver est privée du concours du mâle, qui se fatigue à nourrir les petits malheureux estropiés.

Il faut prendre les pigeonneaux de 23, 24 ou 25 jours, on les dépose dans un casier dont les cases sont séparées par un petit intervalle destiné à recevoir leurs fientes ; car ils font comme les oiseaux des champs dans leur nid, ils se portent sur les bords pour pousser leurs ordures au-dehors. Ces *ruelles* du casier seront faciles à nettoyer et le seront tous les jours ; on se sert, à cet effet d'un grattoir de forme triangulaire (*fig.* 10). Chaque case contiendra une paire. Le casier sera déposé en un lieu obscur, mais aéré ou recouvert convenablement.

Fig. 10. — Grattoir.

On les gorge avec des boulettes de pâtée, ou à l'aide d'un petit entonnoir dont le bout est protégé par un petit tube en caoutchouc. La pâtée qui les engraisse le mieux et le plus vite, c'est celle qu'on confectionne avec du pain blanc et du lait, ou mieux avec de la farine de maïs et du lait. Il faut la faire assez consistante. Parfois on remplace le lait par de l'huile de noix ou de navette. Les farines de millet, des graines de pavot et de crucifères (colza, choux, etc., écrasées et mêlées au lait, sont encore excellentes. Le lait peut, dans ce cas, être supprimé. De même on le supprime avantageusement si la pâtée est faite avec une émulsion d'huile et de farine au moyen d'un peu d'eau.

C'est environ cinq fois par jour qu'il faut les gorger ou emboquer ; on doit, à cet égard, agir un peu par sa propre expérience. L'essentiel est de ne pas les laisser trop longtemps sans nourriture, car à l'engrais, des pigeonneaux sont des machines vivantes à digestion.

Aussi pour la faciliter, et afin de communiquer à leur chair un parfum qui les rendra délicieux, on fera une pâtée particulière dont on donnera une ration par jour seulement et vers midi. Cette pâtée consistera en un mélange de pain et d'eau salée avec des graines de fenouil, ou d'anis, ou de coriandre bien broyées. Il suffit qu'on en parfume sensiblement la pàtée. Ceux qui désirent communiquer au pigeonneau un goût de venaison, substitueront à ces graines des baies de genièvre, et même des folioles et feuilles de pin ou de cyprès bien broyées.

Les éleveurs qui fourniraient un marché de pigeonneaux ainsi préparés, ce qui ne demande que cinq à sept jours, s'assureront un débouché certain, et des bénéfices considérables. Il faut enfin sortir de la routine et savoir donner à ces nourritures supplémentaires l'importance qu'elles méritent. Le public aisé et éclairé trouvera volontiers et consommera plus volontiers encore des pigeonneaux aussi gras, aussi délicats, dont le fumet remplacera utilement le gibier en temps prohibés ; temps malheureux pour les tables bien servies, réduites souvent à la grosse viande ; temps malheureux pour les maîtresses de maison qui éprouvent d'insurmontables difficultés à varier les aliments de la famille, non moins que pour les maîtres-d'hôtel qui ne savent à quels plats se vouer pour contenter les gourmets de la table d'hôte et des festins.

CHAPITRE VIII

Hygiène. — Maladies.

1° *Hygiène.* — Les pigeons sont moins sujets aux maladies que les autres oiseaux domestiques. Elles résultent le plus souvent d'un défaut de soin. Voici, comme complément des conseils que nous avons donnés jusqu'ici, ceux qui méritent le plus d'attention. Commençons par les soins desquels dépend leur santé.

Eau pure, claire, courant dans une rigole évasée. Les pigeons commencent par s'y mouiller les pattes, puis entrent plus avant et boivent avec délices en enfonçant le bec dans l'eau. Hiver et été on les verra, par troupes nombreuses, accourir sur ses bords et s'y plonger pour se baigner et se nettoyer, et cela tous les jours; car peu d'oiseaux aiment plus qu'eux la propreté. La propreté est le grand mobile de la santé et de l'économie de nourriture pour les pigeons. C'est dans l'eau et en se nettoyant les plumes, quand ils en sont sortis, qu'ils détruisent la vermine et qu'ils s'en débarrassent incessamment. Sans eau, la vermine les tourmente, les empêche de dormir, les tient dans l'agitation et dans une irritation telle, qu'ils maigrissent tout en mangeant sans cesse, c'est-à-dire plus qu'il ne faut.

Nous avons vu en Afrique un colon de Zéralda se ruiner chaque année à entretenir une centaine de paires de pigeons. Ce malheureux, alléché sans cesse par le faible produit de quelques paires de pigeonneaux qu'il portait chaque semaine sur le marché d'Alger, se trouvait toujours fort au-dessous de la dépense énorme que ces oiseaux lui occasionnaient. Toujours il espérait que cela *marcherait* ; mais son argent et ses récoltes seuls marchaient et étaient engloutis dans l'estomac toujours affamé de ses pigeons. Nous visitâmes son colombier, il n'y avait pas d'eau courante. De petits abreuvoirs malpropres suffisaient à peine à étancher la soif des pigeons. Nous signalâmes à l'ignorant éleveur les vices de cette installation. Il nettoya plus souvent les paniers, et put donner une rigole d'eau pure à ses pigeons. Dès lors, tout changea de face : il cessa de se ruiner, bientôt il obtint des bénéfices sur ces intéressants volatiles. Ils mangeaient beaucoup moins, étaient plus gras, plus assidus à leurs nichées, moins turbulents et moins vagabonds.

Sans répéter ici en détail ce que nous avons dit pour les poules au sujet de la propreté, nous le rappellerons en deux mots à la mémoire du lecteur : enlever

la paille des paniers après cha[que] nichée, les nettoyer, nettoyer les traverses, le plancher, les cours,
la rigole, blanchir les murs à la chaux ; badigeonner
les nids et les planches avec du sulfure de chaux liquide ; tenir habituellement, dans un comble ou dans
quelque autre abri, de la paille fraîche et saine, que
les pigeons viennent quérir pour la confection de leurs
nids ; enfin, tenir dans un ou plusieurs endroits, à leur
portée, des amas de terre pulvérulente, un mélange
de sable, terre, cendre de bois et résidu du sulfure
de chaux, dont nous avons donné la recette dans le
Traité des ports. Les pigeons s'amusent quelquefois à se *poudrer*; sans être des oiseaux *pulvérateurs*, comme la poule qui creuse avec le bec ou les
pattes, ils aiment à se rouler dans la poussière
quand ils souffrent des atteintes de la vermine.

Surveiller l'alimentation, et, en faisant la visite
des nids au moins deux fois par semaine, ne pas
manquer de voir si les pigeonneaux ont le jabot
bien garni. Le jabot est-il plein dans tous les nids ;
nuls cris importuns n'en sort-il ; il y a abondance de
vivres ; le régime est bon.

Changer quelquefois de nourriture, varier les
grains, distribuer de la pâtée, avoir pour cela égard
à l'époque de la mue, aux chaleurs et aux rigueurs
du froid ; aux besoins de la production qui exige
quelquefois qu'on excite les pigeons par quelques
rations de chanvre ou de pépins de raisins.

2° *Maladies.* — Tandis que le pigeon sauvage et le
Biset, nichés soumis à la domesticité, sont à peu

près exempts d'infirmités, nos pigeons, plus soumis au joug et même jusqu'à la familiarité, sont sujets à plusieurs maladies dépendant, soit de leurs besoins plus nombreux, soit de la diminution de leurs instincts et du développement de leurs qualités physiques.

A. *La mue.* Il faut distinguer : 1" la mue des pigeonneaux et celle des pigeons. La première consiste dans le développement du pigeonneau, au moment où il complète son plumage. C'est la croissance. Chez eux cette mue se fait lentement. Après le plumage viennent les accessoires : le bec, la tête, se couvrent de leurs ornements ; les couleurs, les colliers, les huppes, etc., se prononcent de plus en plus, mais graduellement et sans secousses appréciables. Le pigeon, en cela, est plus favorisé que la poule. La seconde espèce de *mue*, c'est celle qui consiste dans le changement des plumes. Elle commence à la fin de juillet et se prolonge jusqu'à l'automne.

La loi la plus générale peut être que la nature ait imposée aux animaux, c'est de renouveler, à peu près régulièrement chaque année, les tissus ou les appendices qui leur servent d'enveloppe. Les arbres eux-mêmes renouvellent leur écorce, leur feuillage. Les animaux renouvellent leurs écailles, leurs poils, les oiseaux leurs plumes. Et lorsque ce renouvellement se fait rapidement, dans une certaine saison, on l'appelle *mue*.

Cette *mue* chez les pigeons amène de la langueur, de l'abattement, une diminution de l'appétit, l'éloignement des rapprochements sexuels et, par suite, la cessation momentanée des pontes. C'est à cette époque qu'ont lieu quelques découplements par le fait des femelles qui, lasses et éprouvant le besoin de la tranquillité et de l'isolement, malades même, sont tellement contrariées par les turbulentes excitations du mâle, quelquefois moins fatigué par la mue, qu'elles le repoussent et le fuyent sans retour.

Quand la mue dégénère en maladie, l'oiseau respire péniblement en soulevant les flancs, son bec reste à demi-ouvert et il en découle une sorte d'humeur visqueuse. Plus tard, les ailes tombent, les membranes se décolorent; et les plumes hérissées, le corps qui se pelotonne annoncent une terminaison fatale. Dès le début, comme dans la dernière période du mal, donnez de l'eau *soufrée*, et ensuite de l'eau avec la *mort aux mouches*. (Voyez le *Traité des pontes*). On donne peu d'aliment une pâtée de farine et de laitues hachées menu.

B. *L'avalure*. C'est une humeur qui se forme dans l'abdomen, ou plutôt dans l'oviducte. Cette maladie, qui n'altère pas toujours sensiblement la santé, est particulière aux femelles, et les rend stériles. C'est un cas de réforme, lorsque le repos, la séquestration, des ablutions fréquentes et une nourriture plus légère n'ont pas guéri en peu de temps.

C. *L'apoplexie* tue les pigeons en un instant si on n'y porte remède aussitôt. L'oiseau tourne, il a le vertige, et tombe en se débattant. Trempez les pattes de l'oiseau dans de l'eau assez chaude, jusqu'à mi-cuisses, et faites lui boire une cuillerée d'eau avec quelques gouttes de bonne eau-de-vie. L'abus des graines excitantes et du sel, la chaleur excessive occasionnent cette maladie; il faut supprimer ou modifier ces causes.

D. *L'indigestion.* Chez les pigeonneaux dont le jabot trop plein est soumis à l'action du froid, l'action digestive peut s'arrêter et menacer la vie de l'animal. Il suffit de le réchauffer pour le guérir. Il arrive aux pigeons qui ont été privés de nourriture de manger avec excès; le jabot trop plein ne réagit pas, et ils sont en péril. Il faut leur faire avaler quelques gouttes de vin chaud, et les réchauffer.

E. *Pourriture du jabot.* C'est la maladie des pigeons qui, privés de leurs petits, cessent brusquement de les nourrir. La liqueur sécrétée par les glandules du jabot, les incommode, ces glandules s'enflamment, la suppuration arrive et le pus se fait jour par la peau. Ils peuvent en guérir moyennant quelques soins généraux. Le moyen de prévenir cet accident, c'est de leur donner à temps d'autres pigeonneaux à nourrir.

F. *La petite vérole.* Maladie fréquente dans les pays chauds, rare dans les contrées froides ou tempérées. Elle est épidémique, et consiste en une éruption de boutons coniques sur toute la peau. Elle tue rarement; mais cette maladie sévit quelquefois en épizootie meurtrière. La propreté est un moyen préservatif; on donne une nourriture rafraîchissante et on laisse agir la nature, quand le mal est déclaré.

G. *Vertiges, torticolis, épilepsie;* tout autant de maladies convulsives qui affectent quelquefois les pigeons. Il faut les placer dans un lieu calme, peu éclairé et les nourrir avec une pâtée composée de pain et d'herbe de séneçon, par parties égales.

H. *Le dévoiement.* Veillez au régime et cette maladie ne se produira pas. Si elle provient d'une alimentation échauffante, on le reconnaît aux fientes qui sont mêlées de glaires; si elle provient d'une nourriture qui affaiblit et relâche, les fientes sont aqueuses; indiquer la nature du mal c'est indiquer le remède : une alimentation différente de celle qui était en usage.

I. *Les vers.* Donnez de l'eau *sulfureuse,* d'après la formule contenue dans le *Traité des poules.*

K. *L'asthme.* Même remède, que l'on alterne chaque jour avec le second remède indiqué dans le même traité pour la *mue* des poules.

CHAPITRE IX

Organisation mixte.

Dans bien des fermes, dans beaucoup de basses-cours, on élève le pigeon sans lui donner une place aussi large et sans lui accorder un budget particulier au livre des opérations de l'année. Il est certain qu'on peut n'accorder aux pigeons qu'une place secondaire et en tirer encore du profit.

En ce cas, la volière est remplacée par le moindre appartement, déjà utilisé, soit par des lapins, soit par des brebis; quelques planches jetées en travers dans sa partie supérieure, quelques barreaux et les ustensiles pour leurs vivres, suffiront aux pigeons de la volière, sans gêner les autres animaux.

Les paniers à nichées seront répandus dans la partie supérieure des divers appartements de la basse-cour, sous des auvents, contre les murs des cours, sous les hangars, etc., mais en général dans les endroits les plus chauds et les mieux abrités. On peut aussi organiser çà et là de petits colombiers; ici, dans cet angle, quelques briques sur champ, avec des ouvertures, abriteront cinq et dix paires; là, au haut d'un poteau, quelques planches en forme de cône serviront de refuge à quelques autres paires.

Nous avions ainsi placé deux cent cinquante paires de pigeons dans une vaste ferme avec grandes cours, écuries, parcs à moutons et porcherie. Dans une pareille organisation, tout vit ensemble, poules et pigeons, oies et canards; mais il arrive plus d'accidents, on gagne moins, et la surveillance, trop éparpillée, en devient plus difficile. Les produits sont communs, comme la dépense et les distributions; ce qui n'empêche pas chaque partie de la basse-cour d'avoir son chapitre spécial dans le livre de la manutention. Car nous recommandons ici ce que nous avons recommandé dans notre *Traité du Lapin*, la *comptabilité*. Il faut noter soigneusement tout ce qui sort et tout ce qui entre, toutes les mutations, toutes les dépenses et tous les produits, même ceux que l'on consomme pour l'usage de la ferme. Sans comptabilité, il n'y a aucun ordre, aucun moyen de se rendre compte de ce que l'on fait, de savoir où l'on va; sans comptabilité, nul moyen de voir ce qui pèche dans les procédés mis en usage, de corriger des abus qui mènent à la ruine, de profiter de l'expérience du passé.

On n'oubliera pas, même en ce qui concerne le pigeon, que la verdure lui est nécessaire, été et hiver, surtout dans cette dernière saison. L'oseille est pour eux un bon entremet. Les herbages sont un besoin pour la volaille et une économie pour l'éleveur.

Dans l'organisation mixte, les pigeons sont plus éparpillés, plus divisés. Cela vaut absolument mieux qu'un pigeonnier mal tenu. Mais l'on y voit beaucoup plus de pigeons dépareillés et un plus grand nombre de mâles d'une exubérance vitale qui leur fait troubler la paix et l'accord des autres. De là des rixes, des pertes de temps, des œufs inféconds, des nichées manquées ou négligées... Il faut, dès que l'on aperçoit un pareil désordre, sacrifier le pigeon libertin qui l'occasionne, et rechercher sa femelle abandonnée, pour lui donner un autre compagnon.

EXEMPLE DU RÉSULTAT DE L'ÉDUCATION DES PIGEONS.

On le voit, en tout et partout, il faut à l'homme du travail, de l'industrie, des soins pour améliorer son sort et utiliser les ressources que la Providence met à sa disposition. Son travail féconde la nature, augmente son bien-être et ses plaisirs, tandis que son indolence le retient dans la misère. Il n'est personne qui ne puisse, ou d'une manière ou d'une autre, se faire *un petit sort,* un bonheur relatif, une position supportable et même agréable ; il n'est personne, sinon le paresseux.

L'année dernière, un pauvre tailleur de village, ayant sa femme infirme et trois enfants sur les bras, vint nous demander quelque conseil pour soulager les souffrances de son épouse, ce ne fut pas sans nous raconter sa misère et l'impossibilité où il se trouvait de sustenter sa famille. Nous lui promîmes d'aller le voir un jour.

Ce jour ne tarda pas à venir. Ayant à faire une visite dans son voisinage, nous allâmes chez lui accepter le verre d'eau fraîche qu'il nous offrit de bon cœur. Ni la maison délabrée qu'il habitait, ni le jardin attenant ne lui appartenaient. L'aîné de la famille avait huit ans, le père était boiteux et sa femme incapable de tout travail au dehors. Nous lui offrîmes une petite somme, à condition qu'il l'emploierait à se procurer deux paires de pigeons, quelques poulets et quelques lapines avec un mâle, enfin les grains nécessaires à leur nourriture pendant quelque temps. Nous lui donnâmes quelques conseils pour la culture de son jardin, adaptée à sa nouvelle destination ; il releva les murs en pierre sèche, à moitié écroulés ; il envoya tous les jours son aîné *faire de l'herbe* pour ses lapins ; mais il affectionna particulièrement les pigeons. Tandis qu'il vendait, dès les premiers mois de cette année, des lapins, des œufs et des poulets, il laissait les pigeons se multiplier en paix ; il en possédait enfin un certain nombre de paires, qui, aujourd'hui, forment son plus joli revenu.

Nous l'avons visité une seconde fois. Il nous a rendu déjà une partie de la somme que nous lui avions avancée, et nous avons joui du spectacle de son bonheur dans sa maison, qui se ressent d'une certaine aisance. Le grenier est plein d'herbes, de fourrage et de racines ; des paniers à pigeons tapissent tous les murs abrités, des loges en briques pour les lapins s'élèvent en plusieurs endroits du jardin et dans l'un des angles est un petit poulailler bien pauvre, mais bien propre. Cette fois, on nous offrit de la piquette, et la femme, moins malade, aidait à son mari dans l'intérieur. Il n'avait pas abandonné son état, mais il divisait ses soins, et chaque jour voyait s'effacer les traces de sa première misère.

Maintenant, nous ne reviendrons pas sur les produits des oiseaux de basse-cour, mais nous répéterons ces vers du bon La Fontaine :

> Travaillez, prenez de la peine,
> C'est le fond qui manque le moins.

Essayer, étudier, choisir, combiner, persévérer, voilà notre tâche dans les labeurs de la vie. La science, l'industrie, la force nous ont été données pour tout plier à nos besoins.

DEUXIÈME PARTIE

Des Oiseaux de luxe en basse-cour, en parc, en volière

Les oiseaux dont il est ici question sont : 1° le cygne, 2° le paon, 3° la pintade, 4° le faisan, 5° la perdrix, 6° la caille, 7° le colin.

L'ortolan, qui appartient à cette catégorie par l'industrie, est cependant un petit oiseau qui sera mieux placé dans la suivante, à cause du genre d'éducation qui lui convient.

L'outarde, commune autrefois, ne trouvera pas place ici, non plus que la gélinotte et quelques autres oiseaux de la vaste tribu des gallinacés, moins généralement connus. Du reste leur éducation devrait se faire d'après les règles que nous allons exposer.

L'on a pu, jusqu'à présent, avec quelque apparence de vérité, objecter à l'industrie que nous recommandons le défaut de débouché, l'incertitude de la vente ; mais on ne le peut aujourd'hui que les communications entre les lieux les plus éloignés sont si faciles; on ne le peut devant les besoins toujours croissants des grands centres de population et devant les exigences de la table.

Et, qu'on ne s'y trompe pas, le luxe des festins est le plus profitable à la petite industrie champêtre, aux éleveurs, aux jardiniers, aux fruitiers. C'est cette sorte de luxe qui répand le plus d'aisance dans la campagne. On connaît le prix de l'ortolan à certaines époques où les volières suppléent à la chasse. Les mets les plus délicats ne peuvent qu'augmenter de prix. L'éleveur en a sa bonne part et en laisse retomber une portion dans le commerce, tout cela au profit des habitants des champs.

Un faisan d'excellente qualité atteint à des prix élevés. Chacun sait, en ce qui concerne les oiseaux de luxe, que la perfection de leur chair en fait le mérite auprès du gourmet, et que ce mérite se paie toujours bien.

L'industrie doit suppléer à la rareté toujours croissante du gibier; elle le peut d'autant mieux que, par l'éducation, la chair des oiseaux et des animaux domestiques acquiert des qualités précieuses qu'on ne retrouve même pas dans le gibier, et que tous multiplient trois ou quatre fois plus; car, d'une part, la production des œufs est plus que doublée, de l'autre, les soins portés à l'incubation et à l'éducation, diminuent considérablement les chances de perte en supprimant les causes de destruction inhérentes à l'état libre.

CHAPITRE PREMIER

**Données générales. — Volières. — Parc. — Cages.
— Nourriture.**

Nous éviterons beaucoup de redites en décrivant dans un premier chapitre les lieux propres à l'élève des oiseaux de luxe, la bonne tenue, les meilleurs et les plus économiques moyens d'alimentation, et les soins communs à tous.

1° *Les volières.* — Les volières sont destinées à la production des œufs. Il faut une volière pour chaque couple, c'est de rigueur. Le faisan, la caille d'Amérique ou colin, la caille ordinaire d'Europe, la perdrix grise et la perdrix rouge, sont les oiseaux que l'on fait pondre en volière et qui y pondent avec le plus d'avantage; mais toute volière n'est pas propre au but qu'on se propose ici.

La volière de production doit dissimuler aux oiseaux la perte de leur liberté et leur offrir tous les agréments qu'ils recherchent lorsqu'ils sont aux champs. Il faut donc la placer dans une cour ou un jardin clos de toutes parts, et l'adosser au mur qui fait face au levant. Cette exposition est la seule qui convienne; les oiseaux aiment à gazouiller au soleil levant; ils se réchauffent avec volupté à ses premiers rayons. Exposée au midi, la volière est trop chaude; les oiseaux sont dévorés par les ardeurs du soleil, que l'on peut, il est vrai, atténuer par des ombrages, mais souvent pour occasionner une chaleur étouffante.

Chaque compartiment formera une volière de 2 mètres carrés, parfaitement séparée des compartiments voisins par une cloison légère en briques ou en planche plutôt qu'en fils de fer, car les oiseaux se voyant à travers ces grillages, ne seraient plus aussi attentifs à leurs petits ménages.

Le devant de chaque compartiment, que nous appellerons *volière*, devra être en grillage ou en toile métallique, à mailles assez larges pour laisser un libre accès à la rosée des nuits, aux rayons du soleil et à l'air. Le dessus sera constitué par une cloison en planches, sous une toiture commune. On observera seulement qu'aucune fente, qu'aucun trou ne puisse donner passage à une souris.

Le sol de la volière offrant donc, comme les côtés et la hauteur, une surface de 2 mètres carrés, on aura tout l'espace nécessaire pour y installer les objets utiles et agréables au couple qu'on y renfermera.

On commencera par y planter quelques petits arbustes touffus : le thym, le buis nain, le romarin, avec cela deux ou trois arbustes plus élevés, comme le laurier-thym, le troëne, le groseillier, et enfin quelques touffes de plantes vivaces, herbacées, tout cela disposé de manière à laisser des espaces assez larges, où les oiseaux circulent librement, se promènent, se poursuivent dans leurs ébats, se perchent, etc.... Il faut encore que le sol s'élève çà et là en coteau, offrant des abris et des points d'observation.

Cela fait, on le bêche par petites plaques et l'on y sème fréquemment du millet, du blé et autres grains que les oiseaux mangent volontiers en vert. Le reste du sol demeure uni, et on le recouvre de sable et de menu gravier. On achève cet arrangement intérieur en posant des pierres plates et des petits rochers près de quelques touffes d'herbes, et disposés de telle façon qu'il en résulte des creux et certains enfoncements semblables à une grotte.

Il n'y a plus qu'à placer : 1° un grand plat de 10 à 20 centimètres de profondeur, suivant le volume des oiseaux : c'est le bassin où ils se baignent et font leur toilette ; 2° un vase à étroite ouverture et à fleur de terre, au milieu d'une motte de gazon : c'est l'abreuvoir ; 3° un ou deux godets pour les grains, ou mieux une petite trémie ; 4° un petit pot, où l'on tient un bouquet d'herbes à l'eau : laitue, seneçon, mouron, plantain, etc.... Tous ces objets sont placés près d'une petite ouverture pratiquée dans le bas du grillage, afin qu'on puisse les retirer, les nettoyer, les garnir, en avançant la main, sans ouvrir trop souvent la porte. Celle-ci est également pratiquée dans ce grillage ; elle n'a que la grandeur nécessaire pour laisser tout juste un passage à la personne chargée de la manutention des volières.

La caille étant un oiseau de passage, on voit les captives s'agiter violemment à l'époque de l'émigration, en septembre et octobre, s'élever vers le toit de la volière, se heurter aux parois, et en un mot se faire beaucoup de mal. C'est un instinct qui dégénère en manie, en fureur; c'est un désir sauvage de liberté qui les fait se casser la tête en s'élevant sans cesse pour y obéir. Le seul moyen de sauver les cailles pendant tout le temps que dure l'époque de leur émigration, c'est-à-dire pendant quinze ou vingt jours, c'est de les renfermer dans de petites cages dont le dessus est en toile; on les remet ensuite en leur lieu.

Les volières dont nous venons de donner la description sont, avons-nous dit, destinées aux faisans, aux perdrix et aux cailles. Les faisans étant de beaucoup les plus grands, on agrandit un peu leurs loges aux dépens de celles des cailles.

On peut objecter que tous ces compartiments ont une trop grande élévation pour des oiseaux qui aiment le sol, comme la caille et la perdrix; elle est nécessaire à la circulation de l'air et de la lumière, non moins qu'à la rosée, vraiment indispensable aux oiseaux producteurs; mais on peut l'utiliser fort agréablement en introduisant dans chaque volière deux paires d'oiseaux destinés aussi à la production.

Dans un compartiment à perdrix, mâle et femelle, on peut mettre deux ou trois paires de bouvreuils, canaris, cardinaux, bengalis, venturons.

Avec le couple de cailles, on voit prospérer et nicher des canaris, des serins, des pinsons, des sénégalis, des tarins.

Les bruants, les linottes, les verdiers, les alouettes, vont bien dans la volière des faisans.

On a dans ce cas peu de chose à ajouter à l'ameublement de chaque volière. Quelques baguettes en haut servent de perchoir, et une ou deux planchettes reçoivent quelques godets avec des grains mieux appropriés à ces petits oiseaux.

Nous ajouterons, sur ces habitants surnuméraires des volières à production, que l'on en doit choisir très-exactement les sujets, afin d'avoir beaucoup de nichées et de les voir arriver à bien. Nous reviendrons là-dessus en traitant des oiseaux de volière.

Et maintenant, nous croyons être utile à nos lecteurs en leur offrant la description d'une volière multiple de M. le chevalier de Castillon. C'est là que pendant notre jeunesse nous passions les plus heureux moments de nos vacances.

Ancien chevalier de Malte, il n'avait qu'un amusement, c'était d'élever des oiseaux. Il avait des parcs et des taillis pour les paons et les pintades, des volières pour les faisans, les perdrix, les cailles, les ortolans et tous les petits oiseaux indigènes ou de passage en Provence.

Une cour, de 20 mètres de long sur 8 mètres de large, était entourée de murs élevés de 4 mètres; tout autour régnait une toiture de 1 mètre, en saillie sur la cour; celle-ci était entièrement couverte d'un grillage supporté par trois piliers et des barreaux de fer. Cette cour regardait le levant, et les

premiers rayons du soleil éclairaient le mur du fond
dans sa longueur. C'est là qu'étaient vingt volières,
une pour chaque paire de faisans, de perdrix et de
cailles. Les volières étaient superposées; en d'autres termes, il y en avait deux rangées adossées au
mur; elles avaient chacune 2 mètres carrés. Une
voûte en briques, solide et légère, permettait pour
les volières d'en haut, les mêmes dispositions qu'à
celles d'en bas, c'est-à-dire de la terre, des plantes, etc.

La cour étant grillée, on rattrapait facilement les
oiseaux qui s'échappaient quelquefois de leurs volières. Du reste, elle était habitée par des pigeons de
très-belle espèce. On y voyait aussi des tortues et
un joli bassin avec des cygnes superbes. Un jeune
homme, alerte et intelligent, entretenait là une
grande propreté, et distribuait à chaque espèce d'oiseaux la nourriture et les soins convenables.

On entrait dans cette cour du côté opposé aux
volières par une porte percée dans le milieu. En
dehors et à l'abri du mur, par conséquent encore
au levant, on voyait des deux côtés de la porte deux
petits bâtiments pour les poules couveuses. Ces
poules étaient fort petites et couvaient les œufs des
oiseaux élevés dans les volières; leurs petits bâtiments étaient entourés de quelques mètres de cour
entourée d'une palissade légère élevée de 2 mètres.
C'est là que les jeunes faisans, les perdreaux et les
cailleteaux recevaient les premiers soins et leur première éducation. Cette palissade les séparait de la

basse-cour commune, attenant elle-même au parc.

2° *Le parc.* — De tous les oiseaux qui font l'objet de nos études, la pintade seule prospère et produit avec toute la liberté des oiseaux de basse-cour ordinaire, parce qu'elle connait son gîte, y revient et ne cherche pas à fuir. On se borne à la surveiller à l'époque de la ponte pour recueillir ses œufs et empêcher qu'il ne s'en perde. Aussi, ne conseillons-nous pas de l'introduire dans le parc, ne serait-ce que pour éviter de le faire plus grand et de nuire au calme dont les autres oiseaux ont besoin.

On élève dans le parc ceux qui ne sauraient se passer d'une demi-liberté, du libre parcours d'une étendue de terrain variable, suivant leur nombre.

A la rigueur, les cailles et les perdrix pourraient y être placées après la mue, c'est-à-dire après l'âge de trois mois, si l'on avait la précaution de leur casser le fouet de l'aile ou de l'atrophier au moyen d'une ligature fortement serrée, et qui a pour objet d'y intercepter la circulation et la vie. Ainsi traités, les oiseaux ne peuvent franchir les murs du parc, et cessent même de faire des efforts pour voler ; on ne les voit plus que courir tranquillement, comme les poules les plus déshabituées du vol.

C'est du reste une opération qu'il faut faire subir aux faisandeaux lorsque, la mue achevée, à l'âge de trois ou quatre mois, on les place dans le parc pour les pousser jusqu'à l'époque de la vente, après qu'on a fait choix des sujets de production pour les mettre de côté en lieu convenable.

On ne doit pas mutiler ainsi le paon, qui se familiarise avec l'homme et ne vole sur les murs et les toits que pour se divertir. Il revient jucher au lieu qu'on lui a choisi, et ne manque pas de pondre dans l'étendue du parc, où il est question de dénicher ses œufs, comme nous le verrons plus tard.

Le cygne ne quitte pas son bassin ni sa cabane ; oiseau tranquille, il est roi sur son élément comme le paon sur le parc. Il n'y a d'ailleurs entre eux ni contestation ni dispute à propos du boire et du manger : une paix inaltérable règne parmi ces beaux oiseaux, fondée qu'elle est sur l'incompatibilité de leurs mœurs et l'opposition de leurs goûts.

Un éleveur sérieux qui voudrait spéculer sur les cygnes n'aurait qu'à les distribuer par paires sur autant de pièces d'eau renfermées dans le parc. Les faisans, objets d'une spéculation plus productive, y prospèrent avec le paon et moyennant les mêmes soins. L'outarde leur serait utilement adjointe si ce gros oiseau était possible aujourd'hui.

Un parc de la contenance de 2 hectares, bien aménagé, peut contenir deux cents faisans, une trentaine de paons et cinq à six paires de cygnes, chacun avec sa petite pièce d'eau. Il doit être entouré de murs hauts de 4 mètres et couronnés en dedans et en dehors d'un rebord de 30 à 40 centimètres. Cette saillie est nécessaire pour rompre le saut du renard et s'opposer à l'introduction des bêtes malfaisantes dans l'enceinte destinée à tous ces élèves.

On choisit pour cela un terrain de peu de rapport,

à surface inégale inclinée du nord au midi et du couchant au levant, du couchant au levant surtout. Il y aura des rochers, des creux, des éminences, des abris, des clairières, des arbres, des arbustes, des herbes, des petites pièces ensemencées. On élèvera vers le milieu un hangar reposant sur des piliers et recouvrant un espace de 15 à 20 mètres. Ce sera un abri nécessaire contre les pluies et les grands vents (1). On les approvisionnera exactement pour chaque espèce d'oiseau.

Le parc sera traversé, au moins en partie, par un petit cours d'eau en pente douce, dont les issues, dans les murs du parc, seront soigneusement grillées. Ce cours d'eau formera une rigole, tantôt courant sous l'herbe, tantôt glissant entre des rochers, plus souvent s'étendant sur des bords évasés couverts de gravier et de cailloux très-propres, quelquefois formant une petite mare sans profondeur. C'est là que chaque oiseau, suivant son espèce, suivant ses besoins ou la saison, viendra se désaltérer, s'amuser et s'approprier.

On complantera ce terrain en chênes, micocouliers, cormiers, merisiers à grappes, cerisiers, figuiers, hêtres, mûriers non taillés pour obtenir des mûres en quantité, etc... Les arbustes consisteront en vignes, sureau, buisson ardent, ronce commune, framboisier, groseillier, laurier-thym, troène, genévrier, aubépine. La fraise, l'oseille, la blette, le

(1) Il n'est pas question dans ce livre des faisans élevés pour peupler les bois de chasse des grands seigneurs.

mouron, le seneçon, y seront à demeure avec toutes
les plantes vivaces ou annuelles qui se sèment seules.
On y cultivera çà et là le maïs, le sarrasin, le millet,
le colza, le blé, l'orge, le sorgho, le chanvre, qu'on
laissera manger en vert ou en graine. La laitue de
toute saison, le chou, l'orge et d'autres graminées
y seront semés fréquemment.

La personne chargée de ces soins se montrera
inoffensive, s'absentera rarement, et se conduira de
telle sorte, que les oiseaux se familiarisent avec elle
et n'éprouvent ordinairement pas de frayeur à son
approche. Ceci est d'autant plus important, qu'elle
doit aller partout au besoin pour approprier, faire
ses distributions, entretenir la propreté du cours
d'eau, exercer une surveillance active, suivre habilement les femelles qui vont cacher leurs œufs, les
recueillir avec soin, visiter leurs nids et les entretenir
dans l'illusion pour activer leur ponte et multiplier
leurs œufs.

Tel est le tableau que nous avons dû faire du
parc où les élèves doivent achever leur développement. Les modifications que l'éleveur peut y faire
par économie, ou pour le rendre plus apte à répon-
dre à ses vues, doivent être basées sur les principes
d'isolement et de protection. Il se souviendra que
ses élèves doivent trouver là tout ce qui leur est nécessaire, et, de plus, ce qui doit leur rendre ce lieu
agréable. Nul, dans cet empire, ne sera violenté; la
souffrance n'en approchera pas: la paix et l'abondance doivent régner sur ces êtres destinés à une

fin tragique, mais où les conduira plus suavement un chemin bordé de fleurs.

Une dernière recommandation, c'est que les jeunes oiseaux doivent toujours y être placés sous l'égide de la poule qui les a couvés et qui a dirigé leurs premiers pas. C'est elle qui les façonnera à leur nouveau genre de vie, qui les aidera dans le choix de leur gîte, à trouver leur nourriture; c'est elle qui les défendra contre l'attaque des anciens, et qui les réchauffera sous ses ailes. Au bout de deux ou trois semaines, la poule leur sera retirée; et, oublieux comme de jeunes natures, tous ces oiseaux perdront bientôt la mémoire de son affection et de ses soins.

3° *Les cages.* — On donne aux cages la forme et la grandeur les plus convenables à la fin qu'on se propose.

Nous avons parlé tout à l'heure des cages dont le haut est fermé par une toile pour empêcher les cailles de se blesser à la tête pendant qu'elles y sont enfermées à l'époque de l'émigration de ces oiseaux.

Ordinairement, un éleveur, tel que nous le supposons, doit avoir un grand nombre de cages de toutes grandeurs et de toutes formes, depuis le tambour où s'enferment les oiseaux que l'on fait voyager, et les petites cages simples où ils se mettent pour les mutations, et les soins particuliers dont quelques-uns peuvent avoir besoin, jusqu'aux grandes cages où l'on tient les oiseaux d'agrément et de vente, et à celles où l'on dépose les poussins après leur éclosion.

Les cages destinées à un certain nombre d'oiseaux d'ornement et d'agrément ont des formes très-variées. Elles seront toujours très-commodes et agréables si les mangeoires sont placées par côté dans des tiroirs où les oiseaux ne puissent passer que la tête, si le fond se retire sur des coulisses pour être facilement nettoyé, s'il est recouvert ou formé d'une plaque de zinc ou de toute autre matière légère et incorruptible, si l'on y tient un plat large et peu profond où les oiseaux se lavent; enfin, si les cages sont plus longues que larges et au moins aussi larges que hautes, disposition qui permet aux oiseaux d'aller, de venir, de voler quelque peu, sans tourner sans cesse sur eux-mêmes dans un espace resserré, où leur activité se perde aux dépens de leur santé.

Les cages destinées aux élèves sont des espèces de boîtes à double fond. On les compose de planches de sapin légères, bien jointes et peintes. Le devant et le dessus seront grillés pour donner accès à l'air et au soleil. Ces boîtes ont 2 mètres de long sur 1 2 mètre de large et autant de hauteur. On pratique vers l'un des bouts une séparation à coulisse donnant un compartiment de 1 2 mètre carré pour la poule qui a couvé. Une espèce de grille à larges trous, glissant dans la coulisse, la sépare du reste de la boîte où sont les petits; c'est par là qu'ils vont sous la poule et s'en retirent pour aller manger et s'ébattre dans leur compartiment. Cette boîte est mise dehors quand il fait beau et autant qu'on le peut; on la place au besoin dans un appartement chauffé. Le fond sur lequel courent les petits est garni de petits godets à étroite ouverture; ils servent d'abreuvoirs et les poussins ne sont pas exposés à se mouiller. On jette dans la cage une couche de sable d'environ 3 centimètres, et on le change souvent dans le but d'y entretenir une grande propreté. Les petits reçoivent la nourriture qui leur est le plus convenable dans leur compartiment, et la poule est nourrie séparément dans le sien. Nous parlerons ailleurs des autres soins à donner à la poule et aux poussins, du temps qu'ils doivent y rester, et du lieu où il faut ensuite les transférer.

4° *Nourriture*. — Commençons par la plus importante : les œufs de fourmis. Les jeunes paons, les faisandeaux, les perdreaux et les cailletaux ne peuvent s'élever sans cela. Jamais on n'aura de beaux élèves, et même l'on en perdra un grand nombre dès le bas âge s'ils ne sont pas nourris, dans les premiers temps, avec des œufs de fourmi et avec des vers de pâte, qui suppléent peu à peu aux œufs de fourmi.

La difficulté serait grande et parfois insurmontable si l'éleveur n'avait pas les moyens de multiplier les fourmilières et de créer des œufs, pour ainsi dire, à volonté, et c'est ce dont il doit s'assurer en premier lieu.

Il doit savoir qu'il y a diverses sortes de fourmis. Les unes conviennent à tous les petits et mêmes aux grands oiseaux : ce sont les petites fourmis noires des prés et des terres cultivées ; les autres ne conviennent qu'aux perdrix adultes, aux paons et aux faisans ; ce sont les fourmis rouges et des bois. Celles-ci ont les œufs plus gros, plus odorants. Cette nourriture échaufferait trop des poussins nouvellement éclos, si toutefois elle ne leur répugnait pas.

Quoi qu'il en soit, les œufs de fourmi sont une nourriture indispensable à ces oiseaux, dans le premier âge : c'est un excitant dont ils se ressentent avantageusement toute leur vie ; une telle nourriture les développe et les fortifie promptement ; elle est la seule qui garantisse leur existence ; et c'est même une observation qui s'applique, dans une certaine mesure, aux autres gallinacés, poules et dindons, dont les poussins viennent parfaitement bien s'ils sont au moins en partie, nourris avec des œufs de fourmis jusqu'à la mue.

Les moyens de multiplier les fourmis et leurs œufs sont simples ; on recherche dans les champs les fourmilières les plus nombreuses, on creuse la terre tout autour, puis on détache la motte, souvent très-grande, du tertre que les fourmis ont choisi pour domicile : on l'enveloppe d'une toile grossière et on la transporte dans le parc, où on l'enterre, sans trop de secousses, sans la retourner et en ayant soin de la placer sur une éminence ou sur une pente. On réussit d'autant mieux, qu'on s'y prend en plein hiver pour cette opération ; mais il faut remarquer les fourmilières pendant l'été, en faire le choix lorsqu'elles sont en activité, et ne pas trop les entamer quand on les enlève. Une autre condition de succès, c'est de les entourer de fumier et de cailloux dans le nouveau creux où elles sont transférées, et de les enterrer en battant la terre autour d'elles. On la recouvre ensuite de pierres larges ou d'un talus qui s'opposent à l'infiltration des eaux de pluie.

Il va sans dire qu'il faut surtout choisir les fourmilières des prairies, des terres cultivées, des talus gazonnés : ce sont les meilleures. Le fumier et les cailloux, dont on les entoure après les avoir transférées, ont pour objet de les réchauffer, de les exciter à la ponte, et de laisser, après la consomption du fumier, des creux où se logent un plus grand nombre de fourmis, qui multiplient les œufs l'année suivante.

Lorsque, au printemps, on voit les fourmilières remuer, qu'une ouverture se forme à leur sommet et que les fourmis commencent à charrier les grains de terre au dehors, l'on a déjà mis à couver les œufs de caille, de perdrix, etc... Les fourmis ne tarderont pas à exhiber leurs œufs au soleil, s'il a plu, et à les amener près de la surface, s'il fait beau et sec. Ces travaux des fourmilières coïncident toujours avec l'époque de l'éclosion de ces oiseaux.

Il faut bien se garder d'extraire sans miséricorde

et tout d'un coup tous les œufs d'une fourmilière. On en découvre légèrement la partie la plus exposée au soleil ; on gratte, on cherche l'endroit où sont les œufs, on en retire une pellée, et l'on recouvre immédiatement le trou avec un peu de fumier d'écurie à demi consumé, sur lequel on jette quelques centimètres de terre et, enfin, une pierre plate ; on s'y prendra chaque jour de la même manière, et cela pourra quelquefois durer quinze jours.

La pâte de farine d'orge, échauffée et fermentée, donne naissance à des vers qui suppléent jusqu'à un certain point aux œufs de fourmi. Ces vers de pâte sont meilleurs que les asticots, qu'il ne faut jamais donner qu'aux oiseaux plus avancés et après les avoir lavés et essuyés : encore ne faut-il en user que dans une grande nécessité et à défaut d'autres.

Les autres aliments consistent en herbes et en grains. Parmi les herbes généralement aimées des oiseaux : l'ortie cuite, la laitue et d'autres herbes potagères conviennent aux gallinacés ; le séneçon, la bourse à pasteur, le mouron, quelques graminées en fleur, des feuilles de laitue conviennent aux oiseaux de l'ordre des passereaux. Ceux-ci s'accommodent de la plupart des petites graines, particulièrement des graines de laitue, de colza et des autres crucifères, du chanvre, du tournesol concassé... les gallinacés se nourrissent des mêmes grains que les pigeons. Du reste, nous parlerons des particularités qui concernent la nourriture en traitant de chaque oiseau.

CHAPITRE II

Cygne.

Le plus grand des palmipèdes, le cygne, autrefois commun en France, où il était un objet de consommation, n'est plus qu'un oiseau de luxe relégué dans les parcs, les jardins et sur les pièces d'eau dont il fait l'ornement.

On cite les fêtes de *Charles-le-Téméraire*, duc de Bourgogne, durant lesquelles ce fastueux seigneur fit servir sur ses tables plus d'un millier de cygnes et presque autant de paons.

Le cygne blanc de France mériterait d'être élevé de compagnie avec le cygne noir d'Australie, qui a été acclimaté en Angleterre : son beau plumage noir est rehaussé par le rouge des yeux et du bec, et par les deux plumes blanches qui ornent le fouet de l'aile. Le contraste de ces deux variétés de cygnes est recherché. Le cygne de la Louisiane est bigarré et plus gros que le nôtre, plus gros aussi que le cygne sauvage blanc, à gorge jaune pâle, bec noir, pattes de même couleur.

Quelques officiers de la garnison d'Alger ayant pris dans une partie de chasse, sur les bords du Mazafran, deux cygnes dont ils avaient tué la mère, les laissèrent à Staouëli, où je les élevai. Ils étaient noirs, leur duvet, long, épais, d'une teinte noire, passa au brun la seconde année. Ils mangeaient des

6

grenouilles. de la viande, de la pâtée commune de la basse-cour, et tout ce que mangeaient les autres palmipèdes, oies et canards. Mais ils étaient insupportables et maltraitaient fort la volaille. Ils avaient une force telle que, saisissant une oie par la racine du cou. ils la lançaient en l'air à plusieurs mètres de hauteur. Ils en tuèrent ainsi plusieurs, et beaucoup de poules et de canards. Il fallut s'en défaire un beau jour où l'un deux fut trouvé s'acharnant après un petit garçon, qu'il faillit tuer à coup d'ailes.

Le cygne domestique n'est pas plus que le sauvage un oiseau de basse-cour. Il lui faut l'espace, l'eau et l'isolement. La femelle est, dans toutes les variétés du cygne, plus petite que le mâle et de mœurs plus douces ; elle est aussi plus modeste, moins fière et moins cruelle envers les oiseaux d'un ordre inférieur ; ce qui n'empêche pas qu'elle ne puisse, pas plus que le mâle, vivre en paix dans une basse-cour avec les autres oiseaux domestiques. Cependant une fois que le cygne jouit de son bassin et trouve sa nourriture sur ses bords, il ne va quereller aucun voisin et ne porte point le désordre dans ses alentours.

Le cygne vit de poissons, de grenouilles, d'insectes. mais surtout d'herbes, laitues, gazons et autres plantes herbacées aimées de la volaille. Du reste, il mange volontiers le pain, les diverses bouillies de basse-cour. des fruits et des grains.

La pièce d'eau qu'occupent des cygnes doit être

empoissonnée de races de poissons communs, petits et d'une multiplication facile, ils servent à leur alimentation ; mais il ne faut pas compter sur ces petits poissons, non plus que sur les gros, car ils deviennent la proie des cygnes, à moins qu'ils soient d'une grandeur extraordinaire.

Un bassin de 1 mètre de profondeur et de 9 mètres de circonférence peut suffire au couple, qui y passe la majeure partie de sa vie sur l'eau. On place sur ses bords une cabane en planches ayant son entrée tournée vers l'eau. Elle est munie d'une planche légèrement inclinée et plongeant à 30 ou 50 centimètres, pour permettre aux cygnes de sortir sans peine du bassin. Une petite source y verse continuellement une eau pure qui, du reste, sera totalement renouvelée une fois par semaine, si le bassin est petit. C'est sur l'eau surtout que le cygne est beau et gracieux.

Un cercle de gazon, plus ou moins large, entoure le bassin et sert d'ornement et tout à la fois de nourriture aux cygnes. Chaque jour on leur apporte, matin et soir, leur pitance en grains, bouillies, son, racines cuites, etc. Il en faut environ 2 kilogrammes par jour et par couple, sans compter les herbes qu'ils broutent ; c'est un aliment qu'ils doivent toujours avoir en abondance.

La femelle pond à l'âge de deux ans, mais plus souvent elle ne commence qu'à trois ans. C'est en février qu'elle fait un nid d'herbe sèches dans la cabane, et qu'elle y dépose de trois à six œufs.

Quelques femelles pondent dans l'eau. Pour recueillir les œufs, on fait glisser au temps de la ponte un filet plombé au fond du bassin, et on l'en retire tous les soirs pour voir s'il n'y a pas quelques œufs.

Ces œufs sont blancs et de la grosseur du poing. La femelle les couve durant 37 à 40 jours. On ne doit pas l'inquiéter sur son nid par une surveillance trop dure, mais faire attention qu'elle ne néglige pas ses repas.

Le mâle veille sur la couveuse tout le temps de l'incubation, et il le fait avec un zèle tel, qu'il est dangereux d'en approcher à cette époque. Il peut faire beaucoup de mal dans sa colère, car il a une grande force dans ses ailes, dans son cou; et son bec est cruel. Cet instinct de jalousie se prononce plus violemment à l'égard d'un autre mâle, il lui livrerait un combat à outrance.

Les petits cygnes doivent être laissés vingt-quatre heures sous la mère avant de songer à les nourrir; leur meilleur aliment sera d'abord une pâtée d'œufs durs, de pain et de lait. La semaine après leur éclosion, on y ajoute des laitues hachées, des pommes de terre et des grenouilles; bientôt on leur donne ces substances séparément, puis on en vient à l'orge, au maïs, et on profite des beaux jours pour les laisser paître sur le gazon.

Gris dans le jeune âge, les cygnes ne revêtent leur couleur blanche éclatante que l'année d'après. Sauf une espèce de sifflement désagréable, on ne leur connaît ni cri ni chant; le cygne est muet. Il vit longtemps, il passe sa vie sur l'eau, d'où il tond sur les bords de la longueur de son cou, l'herbe qui est à sa portée ; il n'aime pas à sortir de l'eau pour manger les herbes et les pitances qu'on lui donne, il est même visiblement contrarié quand on le force d'aller les prendre à terre. Les coquillages, les poissons, les insectes qu'il trouve dans les pièces d'eau sont un régal pour lui.

Sa chair est peu estimée et elle n'est plus mangée. Cependant de jeunes cygnes engraissés seraient un bon mets. L'éleveur trouve plus d'avantages à en fournir les amateurs qui veulent en orner des bassins ou des pièces d'eau. D'ailleurs, le cygne donne encore son duvet, si estimé, deux fois par an : on l'en dépouille en mai et en juillet, par les mêmes procédés que pour l'oie.

CHAPITRE III

Paon.

Le paon, roi des oiseaux de basse-cour, ornement des demeures fastueuses, des parcs, des pavillons de plaisance, nous vient de Chine. C'est encore un oiseau qui fut jadis, chez nous, beaucoup plus commun. Le moyen âge en faisait ses fêtes et la pièce principale de ses festins. On remonte au temps de Cicéron pour trouver à Rome la première mention faite du paon par les historiens. Hortensius passe pour en avoir servi le premier sur sa table. Les Romains le reçurent des Grecs. On le montra d'abord à Athènes, dans quelques cérémonies, comme un objet de curiosité.

La chair du paon est aujourd'hui avantageusement remplacée dans les festins par celle du faisan et d'autres oiseaux plus fins et plus exquis. On le mange cependant encore, mais jeune et gras : c'est un mets qui ne manque pas de délicatesse.

Nous connaissons quelques variétés de paon, mais elles ne portent que sur la couleur. Il y en a même de blancs ; on les voit de préférence dans le nord de l'Europe. Ils vivent de vingt-cinq à trente ans, et un mâle suffit à cinq femelles.

La femelle ne pond guères qu'à la troisième année de son âge, et c'est en avril ou en mai. Sa ponte est de dix à douze œufs. Elle va cacher son nid et ses œufs dans le fourré des taillis, et y met un soin et une obstination remarquables. L'éleveur a cependant grand intérêt à découvrir sa cachette, et il ne lui faut pour cela qu'un peu de patience.

Quand il a remarqué les assiduités du mâle auprès des femelles, leurs caresses, leurs petits cris, il n'a qu'à les faire observer pendant quelques jours dès leur lever. Il ne tarde pas à voir la femelle se diriger, comme en rampant, dans les lieux écartés, dans un taillis, dans une haie, et y aller tous les jours et plusieurs fois par jour. Il découvre bientôt son nid, y prend chaque fois l'avant-dernier œuf pondu, pour y laisser le dernier, auquel il fait une marque. De cette manière il force la ponte, et chaque femelle peut donner jusqu'à trente œufs.

Ce n'est que par exception qu'on laisse couver la paonne, c'est-à-dire lorsqu'elle a si bien caché ses œufs qu'on ne peut les trouver. Car, non-seulement elle donne alors peu d'œufs, mais elle les couve mal, et il est rare qu'ils viennent à bien, étant ordinairement mangés par les rats et autres animaux nuisibles. Cependant, le nid découvert, on pourrait le garantir par une clôture convenable.

Quatre ou cinq jours après qu'on a cessé de recueillir de nouveaux œufs dans le nid, il faut les laver à l'eau froide et les mettre à couver en les divisant à deux ou trois poules ou dindes.

Les soins à donner à l'incubation sont les mêmes que ceux déjà décrits dans le volume où il est traité des poules. On ne mettra point à couver les œufs que la paonne pond de son perchoir et laisse tomber par terre, ce qui lui arrive quelquefois ; ces œufs sont presque toujours mauvais, malgré la précaution que l'on prend de mettre du sable par-dessous pour éviter que l'œuf ne se casse.

Lorsqu'on possède un certain nombre de femelles, et par conséquent beaucoup d'œufs, il est quelquefois avantageux d'en laisser couver une qui, plus tard, conduira tous les paonneaux ; leur mère les dirige avec une grande sollicitude ; elle les aide même à se jucher le soir, en les élevant sur son dos jusqu'aux branches élevées des arbres. Il est cependant utile de laisser conduire les paonneaux

par les poules qui les ont couvés, parce qu'ils deviennent plus familiers sous sa conduite et qu'ils ne
se mettent pas si jeunes à vagabonder.

Les jeunes paons mangent de suite ; on les laisse
néanmoins se réchauffer pendant une demi-journée
sous la couveuse. Leur première nourriture doit
consister en œufs de fourmis, si l'on veut qu'ils se
portent bien et qu'ils supportent sans danger la
crise de la mue. On mêle peu à peu d'autres aliments à celui-là jusqu'à ce qu'on puisse les en priver complétement.

Plus tard, des œufs durs, des vers, des insectes,
des limaçons, constituent pour eux un excellent régime. On y adjoint des pâtées avec des poireaux,
des laitues, des herbes cuites, des pommes de terre,
etc. Du pain trempé dans du vin peut leur être ad-
ministré quelquefois ; on en vient bientôt à des
grains secs : orge, maïs, fèves cassées. Les mûres,
les baies de sureau, de troënes, les fruits doux bien
mûrs, le lait caillé, leur conviennent beaucoup ; on
les voit aussi courir après les sauterelles et les insectes pour s'en nourrir.

Tant que les paonneaux sont petits, on doit prendre garde au mâle, qui les bat quelquefois et peut
en tuer. On les soigne particulièrement jusqu'à la
mue, époque critique où leur vient l'aigrette.

Le paon est adulte à huit mois ; les jeunes mâles
sont exposés à se battre et à se massacrer peu à peu
à coups de bec ; c'est ce qu'il faut éviter par une
grande surveillance, ou même en les isolant. Le

paon, renfermé dans une basse-cour, maltraite les autres volailles et devient un tyran redoutable. Il lui faut une liberté entière d'aller et de venir autour de l'habitation, dont il est un ornement. Alors il vit en société avec les siens et ne s'occupe point des autres volailles.

Son vilain cri est racheté par la fierté de son port et par la magnificence de son plumage. Ses plumes tombent à la fin de chaque hiver, et la mue n'est terminée que vers la fin de juin.

CHAPITRE IV

Pintade.

La pintade, connue et fort estimée des romains, disparut des basses-cours durant le moyen âge. Elle ne s'y conserva qu'en Angleterre. Elle était appelée Poule de Numidie, parce qu'elle tire son origine de ces contrées de l'Afrique.

Elle est du nombre des oiseaux pulvérateurs, qui cherchent dans la poussière où ils se vautrent, un moyen de détruire les insectes qui les tourmentent. Elle gratte aussi la terre comme les poules auxquelles elle ne ressemble guère ; car elle est plus grosse, avec un cou plus délié, elle a une tête plus fine, et baisse la queue comme la perdrix. Son cri est monotone et fort désagréable. Son plumage, simple et régulier, ne manque pas de charme, et son uniformité dans tous les individus témoigne du peu d'action de la domesticité sur sa race. En effet, la pintade est à moitié sauvage, mais sa chair est excellente. Le mâle est vif, querelleur, farouche. Du reste les pintades en général restent farouches, malgré tous les efforts des éleveurs : elles sont toujours en guerre avec les autres volailles qu'elles maltraitent, heureusement qu'elles font volontiers bande à part. Il est impossible de les tenir renfermées ; il leur faut un certain parcours dans un bois taillis, sur des terres vagues couvertes de touffes d'herbes et de buissons. Elles reviennent toujours à la basse-cour aux heures de distribution et pour y passer la nuit.

Le coq pintade féconde aisément huit à dix poules de son espèce. Celles-ci pondent par intervalles, durant tout le cours de l'année, jusqu'à cent œufs, généralement en plus grand nombre que les poules ordinaires : mais les pintades laissent leurs œufs partout, excepté au poulailler. Il est donc important de les surveiller, afin de reconnaître leurs nids et d'enlever leurs œufs, comme nous l'avons recommandé pour d'autres espèces d'oiseaux. C'est le moyen de les faire pondre autant qu'elles sont susceptibles de le faire et de sauver leurs œufs ; car la plupart du temps, les pintades couvent fort mal ; elles réussissent rarement. La recherche du nid est facilitée par les poursuites du mâle, qui accompagne jalousement la femelle.

Lorsqu'on élève un bon nombre de pintades, il y a moyen de les faire pondre dans leur poulailler. c'est de le disposer comme celui des canards, d'en garnir le sol avec du sable, des buissons et des touffes d'herbe. Il n'en faut pas davantage pour les retenir chez elles ; elles font leurs nids entre ces buissons factices et y déposent leurs œufs, surtout quand on a la précaution de ne leur donner la liberté que vers le milieu de la matinée en leur offrant un demi-repas le matin, lorsqu'elles sont encore renfermées.

Les œufs de pintades ont une jolie teinte café au lait ; ils sont plus petits que ceux de la poule ordinaire, mais plus délicats ; leur coquille est aussi plus dure.

Les petits, récemment éclos, reçoivent les mêmes soins que les dindonneaux ; ils ne sont pas moins délicats, ni moins difficiles à élever : on en perd généralement beaucoup, faute de leur donner dans les premiers jours de leur existence des œufs de fourmis, des vers et des insectes, nourriture qui leur est le plus avantageuse.

Leur mue a lieu vers l'âge de deux mois. Après ce temps, ils sont robustes et ne périssent plus aisément. Les pintadeaux parviennent à l'âge adulte vers le sixième mois ; c'est du sixième au huitième mois qu'on les livre pour la table, sans les engrais ser, et cela pour deux raisons. La première, c'est qu'ils ont naturellement beaucoup de chair et de forts muscles ; il suffit de leur donner une nourriture abondante pour leur faire prendre l'embonpoint convenable. La seconde, c'est que pour les engraisser il faudrait les renfermer, et leur humeur sauvage ne leur laisse pas supporter l'isolement.

CHAPITRE V

Faisan.

Le faisan est connu en Europe de toute antiquité. Il nous vient d'Asie, de la Colchide. C'est encore d'Asie et de la Chine que nous viennent les plus belles variétés.

Le faisan commun est d'un beau port, et ses plumes ont des couleurs fort belles. La femelle est grise et plus petite. On distingue parmi les variétés le faisan argenté et le faisan doré qui vient de Chine ; c'est l'un des plus beaux oiseaux connus. Il vit de huit à dix ans. Un mâle peut suffire à six femelles. On doit les renfermer dès le mois de février pour obtenir leurs œufs. Il vaut mieux encore les mettre par paires en volières bien organisées, et les y garder toujours. Ils sont moins farouches, s'habituent à cette agréable captivité, et la ponte n'en souffre pas ; au contraire, on évite ainsi plusieurs inconvénients qui diminuent le nombre des œufs.

La ponte se fait dès la fin d'avril. Il faut recueillir les œufs à mesure qu'ils arrivent, environ un tous les deux jours. Ils ne s'élèveraient pas au-delà de vingt si on les laissait en possession de la femelle ; mais en les lui ôtant successivement, à l'exception du dernier pondu, on en obtient cinquante ou soixante.

Les faisanes trop grasses pondent des œufs sans coquille, et tout au moins inféconds. Cela oblige l'éleveur à surveiller leurs aliments et à ne pas leur en donner qui les engraissent. Leurs œufs sont à peu près de la grosseur de ceux des pintades ; leur couleur est grise, pointillée ou tachetée de brun.

On a croisé le mâle avec quelques poules, entre autres avec la petite poule anglaise, dite de Bantam. Les métis qui en proviennent ont une chair plus succulente. C'est un mets délicieux et que l'éleveur devrait fournir aux tables somptueuses.

Les œufs de faisan sont fort bien couvés par cette même poule ; elle est très-familière et contribue à rendre les faisandeaux plus traitables, quand on les lui confie jusqu'à la mue.

L'incubation dure vingt-cinq jours ; on laisse les petits sous la couveuse un jour entier après l'éclosion. On leur donne ensuite à manger sept à huit fois par jour, sous peine de les voir dépérir ; encore leur faut-il une nourriture choisie : œufs de fourmi d'abord, puis vers de pâte, pâtée avec du pain, de la laitue et des œufs durs. On ne les prive jamais entièrement des œufs de fourmi jusqu'à l'âge adulte, et on les passe légèrement au four pour les faire mourir s'ils sont trop gros.

Il est fort important de les élever dans un lieu bien sec et d'éloigner d'eux toute humidité. Généralement on se sert pour cela des boîtes, déjà décrites, dans lesquelles ils sont près de la poule, ou de logettes en planches (*fig.* 11), Ils vont ainsi se réchauffer souvent sous ses ailes, et viennent ensuite dans leur compartiment pour manger une nourriture appropriée que la poule gaspillerait sans s'en porter mieux. On leur donne un peu de lait à boire, une fois par jour.

Fig. 11. — Logettes en planches.

Vers l'époque de la mue, qui se fait à l'âge de deux mois et demi à trois mois, il est nécessaire de revenir presque exclusivement aux œufs de fourmi, qui est la nourriture la plus favorable alors : elle les fortifie et les met à l'abri de cette crise qui, sans cela, serait fatale à un grand nombre.

Après la mue, on habitue peu à peu le faisan à la nourriture des gallinacés en général : farineux, racines, herbes, fruits, orge en vert, grains, etc. Mais il faut toujours leur donner des insectes, des fourmis, des vers, des asticots, des sauterelles, pour obtenir de bons élèves.

On diminue le nombre des repas à mesure qu'ils grandissent ; de sorte qu'après quinze jours, ils ne fassent plus que six repas, et quatre après un mois, jusqu'à la fin de la mue.

Il est bon de les faire sortir de la boîte après quinze jours d'âge, par un beau temps et sous l'égide de la couveuse, qu'on met pour cela sous un panier à claire-voie, afin qu'ils ne s'écartent pas et qu'ils aient la facilité d'accourir sous ses ailes.

C'est vers l'âge de quatre mois qu'on met les jeunes faisans dans le parc. On leur enlève préalablement ou on casse le fouet des ailes ; si on l'enlève il faut auparavant le lier fortement, pour l'atrophier. Ce dernier moyen nous paraît inutile. Il y a des faisans qui se tiennent en basse-cour avec les poules ; car on peut dire que le faisan est à moitié domestique. Plus que la perdrix et la caille, ses mœurs se rapprochent de celles de la poule : il gratte la terre, il se vautre dans la poussière pour se délivrer des parasites. Le cri aigu du faisan se change chez la faisane en une espèce de gloussement lorsqu'elle s'apprête à couver, ce qu'on ne doit jamais lui permettre.

Les faisandeaux sont adultes en septembre, et l'éleveur commence à s'en débarrasser en octobre pour continuer la vente tout l'hiver. Plus docile en volière que la pintade, le faisan peut y prendre un bel embonpoint qui le fait hausser de prix, bien

que la délicatesse de sa chair suffise à la recommander.

C'est en automne qu'on choisit les sujets destinés à la production ; on les met aussitôt en volière,
et il est avantageux de donner plusieurs femelles à
un seul mâle. Il faudrait alors agrandir leur volière
à proportion : 6 mètres en profondeur et en largeur
sur 2 mètres de hauteur, suffisent à six faisanes avec
un mâle.

CHAPITRE VI

Perdrix, Cailles.

On ne saurait donner plusieurs femelles à un
mâle de perdrix ou de caille ; ces oiseaux ne sont
point assez soumis à la domesticité, mais les soins
qu'ils exigent sont ceux que l'on donne aux faisans ;
comme eux ils nichent dans les volières et à terre. La
caille et la perdrix ne se bornent pas à la ponte ordinaire, elles donnent jusqu'à cinquante œufs et
plus lorsqu'on les leur retire chaque jour.

Nous réunissons en un seul chapitre ce que nous
avons à dire de la caille et de la perdrix, et c'est
avec d'autant plus de raison qu'après les chapitres
précédents il reste à peine quelques explications
particulières à donner.

La caille aime la plaine, fait son nid dans les

prairies; la perdrix préfère les coteaux et y niche volontiers. On doit avoir égard à ces données dans la disposition du sol de leurs volières.

La caille est plus facile à élever et à gouverner que la perdrix grise; celle-ci l'est plus que la rouge.

Les œufs de la caille sont petits, blanc pâle, picotés de noirs. Les faucheurs, dans certains pays, en trouvent en quantité. On peut très-bien les faire couver chez soi par une petite poule anglaise, pouvu qu'ils n'aient pas été longtemps hors du nid.

Les œufs de perdrix rouge sont jaunâtres et tachetés de brun; ceux de la grise sont verdâtres et de la grosseur de l'œuf de pigeon. Les œufs que l'on trouve dans les champs peuvent être couvés par une petite poule comme ceux de la caille, et augmenter les produits de l'éleveur.

Tous ces oiseaux mangent ce que mangent les faisans. On peut, après la mue, les tenir dans un parc en mutilant leurs ailes, comme nous l'avons déjà dit. On peut les retenir dans une grande volière dont le sol serait cultivé, et d'où on les retirerait pour la vente. La perdrix et la caille aiment aussi le vert; on leur sème de l'orge et de la chicorée, dont elles becquètent la jeune tige, au lieu de l'arracher comme font la poule et le faisan.

C'est à la fin de septembre et en octobre que les cailles émigrent d'Europe; c'est aussi à cette époque, et durant environ quinze jours, que celles de volière s'efforcent de se soustraire à la captivité.

Nous avons dit ailleurs comment on les empêchait de se blesser.

On ne doit mettre en volière, pour la production, que des sujets nés en domesticité et jeunes, de un à cinq ans ; il les faut alertes, gais, bien portants, avec des plumes bien lisses et polies.

L'assiduité des soins est une condition indispensable de la réussite. Il faut les leur donner tous les jours à la même heure, pendant quelques minutes, le temps de les nettoyer, de renouveler l'eau, la nourriture, la verdure ; c'est là le secret de leur santé.

La verdure leur est nécessaire toute l'année, bien que les grains fassent la base de leur régime ; un mélange de blé, d'orge, de millet, de sarrasin, leur suffit. A l'approche des pontes et en automne, le colza, le chanvre, le sarrasin, le sorgho leur sont très-utiles.

Il est bon de leur donner une ration journalière et peu abondante, car on doit nettoyer chaque jour à fond leurs mangeoires ; les restes se jettent aux poules.

Dans l'état de nature, ils mangent beaucoup d'herbes en hiver et au printemps ; mais, à cette dernière époque, ils se nourrissent d'insectes et d'œufs de fourmi. Dans l'état de captivité, on supplée à cette nourriture restaurante par des graines de chanvre. L'éleveur qui leur distribue quelques œufs de fourmi ou des vers de pâte les voit prospérer sans encontre.

Le moment de la ponte arrivé, on doit surveiller

les femelles et choisir le jour où la ponte est achevée
pour leur enlever leurs œufs tous à la fois. Il vaudrait
mieux les enlever trop tôt que d'attendre que la femelle ait commencé de couver et se soit affectionnée
à son nid; car, en ce cas, elle se dépite, souffre, lan-
guit et tarde plus longtemps de reprendre sa ponte.

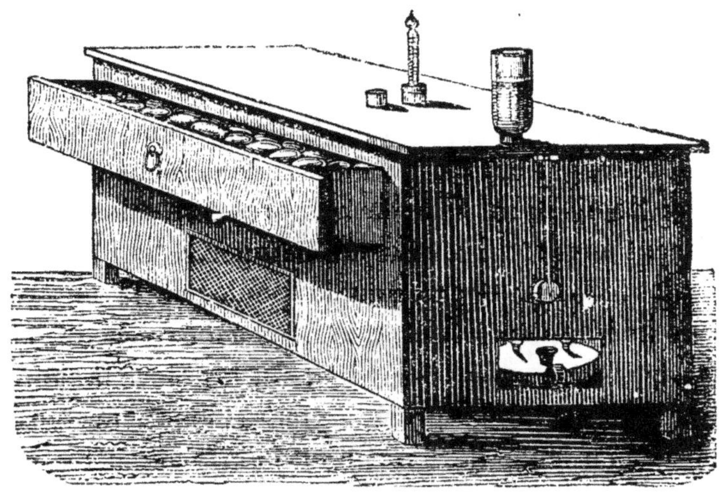

Fig. 12. — Couveuse.

Les cailles et les perdrix en font ainsi jusqu'à
trois successives. La troisième est toujours moindre
et ne donne pas plus de dix à quinze œufs, tandis
que la première va jusqu'à vingt-cinq.

Si l'on ne pouvait pas avoir commodément et à
point nommé des petites poules anglaises pour couver les œufs, il faudrait avoir recours à une couveuse artificielle, par exemple celle de M. Carbon-
nier (*fig.* 12) (1). Lorsqu'on se sert de poules, il faut

(1) Quai de l'École, 20, à Paris.

les tenir prêtes en leur fournissant de mauvais œufs jusqu'à ce qu'on leur donne les bons. Ces poules seront très-petites, légères, très-douces ; sous ce rapport, la poule de Bantam est précieuse.

Les œufs de perdrix ne mettent pas plus de temps à éclore que ceux de la caille, on peut donc les mêler sous une même couveuse, et c'est même fort utile. L'incubation de ces œufs, si délicats et si cassants, exige plus de précautions que les autres.

Les œufs de perdrix et de caille éclosent ordinairement tous à la fois. Ils sortent de dessous la couveuse demi-heure à une heure après être éclos, et se mettent aussitôt à courir et à manger. C'est le moment d'enlever doucement la poule, de la mettre dans une boîte à élèves, que nous avons décrite, et d'y déposer aussi les poussins. On les élève là pendant les dix à quinze premiers jours ; leur nourriture consiste en œufs de fourmi et jaunes d'œufs durs émiettés. On leur donne d'abord huit à neuf fois à manger par jour, et on ne leur met de l'eau que dans de petits godets où ils ne puissent entrer ni se mouiller ; ils doivent être toujours parfaitement secs et tenus chaudement. On économise peu à peu les œufs de fourmi en leur donnant quelques vers de farine ou de pâte, même des asticots lavés, et enfin de la mie de pain et de la pâtée faite avec du pain, des œufs durs, de la laitue hachée. Au bout de douze jours, on peut déjà leur jeter quelques menus grains : millet, riz brisé, chanvre, colza. Après le deuxième mois, ils se nourrissent comme les poulets. On se

souviendra toujours, cependant, que les œufs de
fourmi sont leur meilleure nourriture et le plus puis-
sant remède à leur langueur et à leurs indisposi-
tions ; il faut y revenir sitôt que leur santé périclite.

On commence à les faire sortir vers la fin du premier mois, en les mettant dans des compartiments
adaptés à leurs besoins ; et enfin, après deux mois,
il est temps de les mettre dans le parc en mutilant
leurs ailes. Ils sont également bien placés dans des
cours spéciales, couvertes d'un filet, ou enfin dans
des volières.

Mais, quelque part qu'on les mette, il sera nécessaire de les surveiller, parce que, dès l'âge de six
semaines, les jeunes mâles commencent à se battre,
à se donner des coups de bec et à se maltraiter
jusqu'à en mourir. On remédie à ces malheureux
instincts en plantant des arbustes et des touffes de
jonc et d'herbe dans le local où ils se tiennent. Ces
rameaux et ces touffes offrent aux faibles de précieuses retraites ; il est même quelquefois nécessaire
de les séparer. Ces inconvénients sont moindres pour
les cailleteaux ; mais ils sont funestes aux perdreaux
et aux petits faisans, qui semblent s'entre-détruire.
Plus le local est grand, moins ces désastres sont
à redouter. En tout cas, on met les plus revêches à
part, par exemple dans un jardin clos, après leur
avoir coupé les plumes d'une aile. Cette demi-liberté
est très-utile ; ils viennent bien mieux et plus vite,
et, loin de rien dégrader, ils purgent le jardin des
insectes.

7.

La vente de ces oiseaux commence après le mois d'octobre. Les éleveurs, en mesure d'en fournir tout l'hiver et jusqu'aux chasses du printemps, réalisent sûrement de beaux bénéfices.

CHAPITRE VII

Colin.

Le Colin, souvent appelé *caille d'Amérique*, peuple les campagnes du Mexique et des États-Unis jusqu'au Canada. C'est un oiseau ordinairement muni d'une jolie huppe sur le sommet de la tête; d'une forme fort agréable et d'un plumage grisâtre fort simple en général. Il est intermédiaire à la caille et à la perdrix pour la grosseur et se traite et se nourrit de la même manière.

Les amateurs recherchent maintenant beaucoup les Colins; surtout la variété de Californie, qui s'est déjà fort répandue dans nos climats et qui s'y multiplie très-bien. Tout fait espérer que cette variété et quelques autres deviendront les hôtes de nos parcs en assez grand nombre, et que le Colin finira par compter parmi nos meilleurs gibiers de parc et de volière.

TROISIÈME PARTIE

Des Oiseaux de volière et de cage

Les petits oiseaux dont il va être question, sont généralement élevés en cage ou en volière pour l'agrément. Cependant il s'en fait un commerce assez considérable, et l'éleveur peut en tirer un certain profit, même dans l'organisation mixte des volières.

La grive, le tourde et les oiseaux de ce genre, que les oiseleurs de l'ancienne Rome engraissaient pour le service des tables patriciennes, ne sont plus aujourd'hui recherchés. C'est une lacune qui se comblera peut-être. Nous n'aurons, dans cette troisième partie, que l'ortolan à indiquer pour la table.

Les autres oiseaux dont il nous reste à parler sont de l'ordre des passeraux, généralement, sinon absolument granivores, faciles à élever et même à apprivoiser ; tous sont susceptibles de posséder quelque joli talent, et surtout de charmer par leur chant, qu'on saura perfectionner. Quoique nous en nommions un petit nombre et les plus connus, tous ceux qu'on leur adjoindrait devraient être traités de la même manière.

Qu'on nous permette ici, avant tout, quelques considérations sur les oiseaux des champs, pour prouver leur utilité et montrer qu'en travaillant à leur destruction, on travaille à priver les campagnes des ennemis nés d'une multitude d'insectes qui nuisent aux récoltes et dont la multiplication nous serait aussi désagréable que funeste.

Une nichée de quatre rossignols, élevée par nous, a consommé en cinq semaines 210 grammes d'œufs de fourmis !

Une nichée de cinq moineaux, élevés en même temps, a consommé en un mois 250 grammes de chenilles, sauterelles, vers de bois, mouches et autres insectes !

Que l'on calcule la consommation qu'en doivent faire les milliers d'oiseaux qui peuplent nos champs.

Supposez, dans une commune, mille nichées de moineaux de quatre petits dans l'année : Eh bien ! ces quatre mille petits moineaux, nourris pendant quinze jours avec ces insectes, ce qui fait 60,000 journées de nourriture, feront chaque année dans cette commune une consommation de 300,000 grammes, c'est-à-dire 300 quintaux de chenilles, vers, papillons, scarabées, etc. . . . . .

Nous devons appliquer le même calcul aux précieuses hirondelles ; seulement, les hirondelles consomment de préférence ces milliers d'insectes ailés

que nous discernons à peine dans l'atmosphère :
mouches, cousins, libellules, tipules, etc. . . . . .

Le rossignol et la fauvette font la guerre aux insectes de nos jardins. Le merle, le pinson, le
bruant, les martinets, les engoulevents, le pic, le
grimpereau, les pies, les mésanges, la font aux insectes qui se glissent à la surface du sol, dans l'é-
corce des arbres, sur les feuilles vertes ; aux blattes,
aux hannetons, aux phalènes, insectes du crépus-
cule et de la nuit ; aux papillons de jour, aux lar-
ves, aux chrysalides ; toute cette prodigieuse quantité d'êtres, qui la plupart nous échappent, sont la
proie de ces purificateurs de la terre et des airs, tandis que la cigogne détruit les batraciens et les repti-
les dans les marais, et que le corbeau va partout,
faisant disparaître les cadavres.

Nous lisons dans une lettre insérée dans le *Journal du Loiret*, 1855, le passage suivant :

« Les campagnards qui détruisent les oiseaux
nocturnes, chouettes, hiboux, etc., et les oiseaux
diurnes, qui vivent exclusivement d'insectes, comme
les mésanges et les huppes, comprennent bien mal
leurs intérêts.

« On peut considérer comme très-utiles à l'agriculture la *chouette*, le *hibou*, la *huppe* et la *mésan-
ge*. Ces oiseaux détruisent une quantité considérable de rats, souris, taupes, mulots, chenilles, etc.

« J'ai trouvé dans la retraite d'un couple de
chats-huants, dans l'espace d'une année, 15 liv. 1/2
d'os de rats, souris, taupes et mulots, ce qui prou-

verait incontestablement que ces oiseaux sont les plus terribles ennemis des *rongeurs*, qui ne vivent uniquement qu'aux dépens des récoltes.

« Une autre expérience faite sur une nichée de mésanges m'a donné pour résultat la destruction, par cette petite famille, de 15,000 chenilles en vingt et un jours, temps qu'il faut au père et à la mère pour élever leur famille. Ces petits oiseaux inoffensifs font leur nourriture habituelle de chenilles, et ont l'avantage de peupler d'une manière prodigieuse; il pondent de dix à seize œufs et font deux et jusqu'à trois couvées par an.

« Détruire des nids de *chouettes*, de *chats-huants*, de *huppes*, de *mésanges*, c'est vouloir propager la race des animaux et des insectes nuisibles et malfaisants.

« Un nid de chats-huants, dans une maison de cultivateur, vaut mieux que dix chats. Un nid de mésanges vaut mieux que dix écheniIleurs. Dans l'intérêt de l'agriculture et du commerce, je ne saurais trop recommander de veiller à la conservation de ces oiseaux. »

SOINS GÉNÉRAUX. — NOURRITURE. — ÉDUCATION. — Il faut que le soleil levant envoie ses rayons à la cage ou à la volière. Celle-ci sera un cabinet blanchi à la chaux, une chambre aérée, dont les fenêtres, grandes et grillées, seront garnies de verdure et d'arbustes. On disposera aussi dans l'appartement des branches d'arbres avec leur feuillage et on les renouvellera souvent.

Il est nécessaire qu'il y ait plusieurs abreuvoirs, et même un petit jet d'eau coulant dans une rigole, qui formera par intervalles des nappes d'eau plus profondes dans le milieu ; à défaut de cet agrément on placera dans la volière plusieurs plats larges, de 3 à 6 centimètres de profondeur, avec une pierre plate s'élevant dans le milieu au-dessus du niveau de l'eau et s'amincissant graduellement sur ses bords, afin que les oiseaux viennent s'y poser et se baigner, en entrant dans l'eau peu à peu. Les murs devront être garnis de petits paniers à nicher, dissimulés derrière des auvents ou des rameaux touffus. Et çà et là il y aura des paquets d'herbes sèches fine, du foin, du crin, des matières cotonneuses végétales, des filaments de racine, du duvet, des plumes, matériaux pour les nids.

Autant que possible, le sol sera au niveau de la fenêtre ou porte vitrée, pour être mieux exposé au jour. On y entretiendra de la terre formant des éminences et couverte, çà et là, de pierres ; on y mettra du gravier, des arbustes, des touffes d'arbre, du gazon, et l'on jettera par ci par là des graines de millet et d'orge, qui germeront et que becquèteront la plupart des oiseaux.

Ces volières peuvent contenir, outre les oiseaux dont nous venons de parler, des alouettes, qui nicheront facilement à terre, comme les ortolans.

Un mélange de graines de millet et de colza entières, du sarrasin ; du tournesol, du maïs concassés ; et, au besoin, quelques grains de blé, de lin, de tournesol entier, y seront constamment répartis en plusieurs mangeoires entourées de perchoirs. La graine de chanvre ne sera donnée qu'une fois par semaine durant toute l'année et un peu plus souvent en été. Il faudra s'arranger pour qu'il y ait toute l'année des bouquets de laitue tendre, de plantain, de mouron et de seneçon au dernier période de floraison, afin que les oiseaux, indépendamment des feuilles, puissent aussi manger les graines fraîches. On place ces bouquets dans un vase avec de l'eau.

Les oiseaux étrangers que nous avons dit craindre le froid, devront être dans des volières parfaitement à l'abri et exposées au soleil, ou même traversées d'un calorifère. Les oiseaux indigènes ne s'en trouveront que mieux, et, au lieu de trois nichées on en aura quatre, parce qu'ils commenceront un mois plus tôt à faire leur nid.

On est forcé d'ôter les chardonnerets d'une volière si l'on veut que les autres oiseaux nichent en paix. Il est rare que les chardonnerets, quoique accouplés, ne dérangent pas les autres couples ou du moins leur nid. On sépare ordinairement aussi les canaris pendant le temps des nichées ; ils les feront mieux à part. Nous avons très-bien réussi avec un mâle canari pour quatre femelles ; trois femelles de bouvreuils avec un seul mâle nous donnaient trois nichées chacune, et les canaris quatre ; tous les autres à peu près de même ; mais il faut des sujets bien habitués à la servitude.

On peut obtenir une nichée de plus en enlevant les petits du nid au huitième jour environ ; on les place en lieu chaud et on les nourrit à la brochette. A l'exception du canari, tous les autres oiseaux conservés pour la multiplication, doivent avoir été nourris ainsi et constamment tenus sous l'œil et la main ; sans cela, il est à craindre que les nids soient délaissés après la ponte. En nourrissant les petits à la brochette, on obtient des élèves beaucoup plus familiers, s'appareillant mieux et couvant très-bien. L'incubation dure treize jours.

Pendant les nichées, on donne des aliments un peu plus variés et plus nourrissants : biscuits, échaudés, pâtée d'amandes douces et de mie de pain, pâtée d'échaudés, de graines de navette pilées et de jaunes d'œuf. Toutes ces pâtées sont bonnes pour les jeunes oiseaux que l'on élève à la brochette ; il faut avoir grande attention à les leur donner à heures réglées et très-souvent, c'est-à-dire dix à douze fois par jour ; on remplit le gésier.

Il est important de donner quelques rations d'insectes : vers à soie, chenilles, vers de pâte, sauterelles, araignées, à ceux dont l'espèce a le bec plus fort : verdiers, bruants, linottes, bengalis, etc. Il faut aussi donner à tous un peu d'herbes : du mouron et de la laitue, et au besoin pilés et incorporés à une pâtée de biscuit et de graines. Tout cela est nécessaire, parce que tout cela se passe ainsi dans la nature. On les abreuvera également, mais seulement deux fois par jour.

Ces soins leur feront passer l'époque de la mue, vers le deuxième mois, sans danger. On les surveillera en ce moment, toujours critique, parce que plusieurs languissent et redemandent la becquée ; on doit alors se résoudre à les nourrir de nouveau, pendant plusieurs jours, à la brochette, s'ils ne reçoivent la becquée de leur mère ou même de quelque autre oiseau, ce qui arrive souvent, car les anciens paraissent pleins de compassion envers les petits souffrants et affamés.

Lorsqu'il arrive qu'une femelle ne couve pas les œufs, on peut être certain qu'ils sont inféconds.

Quelquefois la mère abandonne les petits dès qu'ils sont éclos. On peut les sauver en les nourrissant à la brochette, et en les entretenant chauds au moyen d'un ou de deux petits moineaux de nid qu'on leur associe.

On peut faire nicher quelques oiseaux en cage : un couple seul par compartiment ou par cage ; ce sont les canaris, les bengalis, les bouvreuils, etc. Ces cages auront, autant que possible, du sable et du gravier, un plat où les oiseaux se lavent, et de la verdure.

En cage ou en volière, dès la fin de l'hiver, on doit disposer des petits paniers pour les nids, et des rameaux assez touffus où l'oiseau puisse asseoir son nid, s'il préfère le construire en entier. En même temps, nous le répétons, on tient à leur portée de l'herbe sèche, fine et souple, des racines très-minces et très-flexibles (pour les bouvreuils principalement), des crins, des poils ou bourre de bœufs, du coton : ce sont là les matériaux de leur nid.

On ne doit jamais changer brusquement le régime et la nourriture des oiseaux ; ceci s'applique surtout aux oiseaux qu'on achète. On s'informera donc des soins qu'on leur donnait et des aliments dont ils usaient, pour ne changer que graduellement ce qui pouvait être défectueux.

Nous croyons inutile de parler de leurs maladies, parce que les plus habiles n'y entendent rien. Tout ce que nous avons trouvé de mieux à ce sujet, c'est de les éviter par le choix de l'habitation, par la propreté, par la variété de la nourriture, en pâtées, biscuits, graines et herbes. Il est certain que l'apoplexie, les convulsions, l'épilepsie, l'asthme et la goutte, font des victimes dans cette intéressante tribu ; mais le moyen de les guérir de ces affreuses maladies ! Pour la constipation, la diarrhée et d'autres maux accidentels, un changement éclairé de leur régime et au besoin quelques jours de séquestration suffisent à les guérir. Dans la plupart des cas, la chaleur est un remède souverain.

Si l'on veut introduire dans une volière des oiseaux adultes pris à des pièges, il faut les déposer dans une cage garnie de toile au dedans, sur tous les côtés ; et les y laisser tranquilles pendant quelques heures. Après quoi on les prend, on les plonge dans l'eau et on les remet dans la cage au soleil ou dans un lieu bien chaud. Un oiseau est d'abord tout étourdi d'une telle immersion, il est forcé de prendre soin de sa toilette, et de s'essuyer; il oublie bientôt, et d'un soin il passe à l'autre, c'est-à-dire qu'il se met à manger. Mais il est quelquefois nécessaire de répéter l'opération; il est bon aussi de séparer des autres, l'oiseau le plus revêche.

Les personnes qui tiennent à jouir de leur chant doivent isoler les chanteurs, toujours les mâles. On les tient dans l'obscurité, pour les rendre attentifs au chant qu'on désire leur apprendre, pendant qu'on joue sur la serinette quelques airs courts, et constamment les mêmes, jusqu'à ce que l'oiseau les ait appris de mémoire et les répète de son mieux. Cependant le sifflet ou le flageolet sont préférables, parce qu'ils donnent moins de notes et des airs plus tranchés. On les dresse fort bien à chanter en leur sifflant tout simplement un air.

C'est ainsi que le bouvreuil peut acquérir une grande perfection de chant; il apprend même à prononcer certains mots fort correctement. Les serins peuvent saisir le chant du canari quand on le met dans la même chambre que lui, mais dans des cages séparées, de manière à les rendre invisibles l'un à l'autre. Le canari est susceptible d'apprendre toutes sortes de chants.

Enfin, l'amateur, avec de la patience, peut apprivoiser si bien l'un ou l'autre des oiseaux dont nous allons parler, qu'il puisse les garder près de lui et libres dans sa chambre. Ces oiseaux doivent être pris au nid. Dans la suite on peut, à volonté, perfectionner leur chant.

Toute la ville de Valence a vu pendant vingt ans sur le Cagnar un magnifique corbeau tout aussi familier que le chien de la maison, aller par la ville et faire des commissions ; il portait une petite bourse suspendue à son cou.

Mon roman intitulé le *Bouvreuil*, m'a été inspiré par un bouvreuil admirablement apprivoisé, auquel toute une famille devait l'aisance. Qui ne connaît les hauts faits des grives et des pies élevées dans quelques maisons, les jolis tours des oiseaux savants, les gentillesses des canaris privés ! Mais aussi que d'ennuis et même de regrets et de larmes, quand on les perd !

ORTOLAN. — L'ortolan s'élève pour la table. On le prend au filet aux deux grandes époques de passage ; mai et septembre. En mai, il nous arrive pour nicher.

Il est plus occupé de ce soin que de sa personne, et il ne s'engraisse que plus tard. Le passage de septembre ou d'automne est plus abondant, et les ortolans s'engraissent facilement. Ils descendent des provinces septentrionales vers le midi, par les grandes vallées ; ils viennent sur les côtes de la Méditerranée, d'où ils émigrent par troupes nombreuses.

Les oiseleurs les attendent au passage dans les grandes et même les petites vallées, lorsque les vents du nord ou de la côte les obligent à raser la terre. Des filets, tendus en travers, s'abattent sur eux et les font captifs en grand nombre.

L'ortolan s'engraisse très-facilement. On lui donne pour cela aujourd'hui, comme du temps de Lucullus, du millet. C'est même de cette graine qu'il tirait autrefois son nom : Pline l'appelle le milliaire. Nous avons adopté une autre méthode pour les engraisser plus économiquement et plus rapidement. Dans une volière obscure, ou une petite chambre à fenêtres grillées et peu éclairée, nous plaçons un nombre proportionné d'ortolans : douze douzaines vont très-bien dans un recoin de deux mètres carrés de surface et d'un mètre et demi d'élévation. Le sol en est uni et fort propre, et des branches d'arbres avec leurs feuilles garnissent tout leur réduit. Nous plaçons, dans 3 ou 4 plats, une pâtée épaisse composée de lait et de pain blanc, mêlés à de la farine de maïs. Deux abreuvoirs sont nécessaires.

Six ou huit jours suffisent pour les engraisser parfaitement. Lorsqu'un ortolan est prêt il ressemble à une petite pelotte de graisse, et ne peut plus s'élever sur les rameaux pour se jucher. C'est un mets d'une extrême délicatesse, et que l'on recherche pour la table pendant toute l'année. C'est depuis le mois de juin jusqu'à la fin d'août, et depuis le mois de novembre jusqu'en mars, que les éleveurs tirent le meilleur parti des ortolans, qu'ils engraissent à mesure et qu'ils vendent d'autant plus cher que la saison s'avance davantage.

Nous disons qu'on les engraisse à mesure du besoin, parce qu'une fois parfait, l'engraissement dégénère facilement en maladie, si par aventure on garde ces oiseaux plus longtemps.

Serins. — Canaris. — Voici le plus charmant oiseau de cage, à laquelle il semble destiné. Le canari, ou serin des Canaries, jouit du privilége d'être universellement aimé, choyé, recherché. A lui s'adressent les soins les plus assidus, les attentions les plus minutieuses ; à lui aussi les cages les plus jolies, car il est le plus gracieux musicien des salons, le plus gentil compagnon de la veuve et de l'orphelin, le commensal le plus aimable de nos maisons, un joyeux captif.

Le serin indigène, ce petit oiseau alerte qui. niche dans nos jardins et s'élève si facilement entre les mains de tous, est presque toujours associé au canari. Il n'y a pas la plus petite volière où ils ne se trouvent réunis ; ils nichent fort bien ensemble et produisent des animaux au plumage varié, au chant le plus agréable.

Le canari fut apporté chez nous, au commencement du xve siècle, des îles Canaries. Jeune, il est d'un jaune citron très-agréable ; vieux, ses plumes prennent une teinte blanche. On en connaît un grand nombre de variétés ; nous devons les indiquer ici dans l'ordre de leur rareté, en mettant en tête le serin de nos campagnes et ses variétés :

1º Serin gris et vert commun.
2º Serin gris et vert à pattes blanches.
3º Serin gris à queue blanche et panaché.
4º Serin blond commun.
5º Serin blond à yeux rouges.
6º Serin blond doré.
7º Serin blond doré et panaché.
8º Serin blond à queue blanche et panaché.
9º Serin jaune ordinaire, canari commun.
10º Serin jaune panaché.

11° Serin jaune à queue blanche et panaché.
12° Serin agate ordinaire.
13° Serin agate à yeux rouges.
14° Serin agate à queue blanche et panaché.
15° Serin agate et panaché.
16° Serin isabelle simple.
17° Serin isabelle à yeux rouges.
18° Serin isabelle doré.
19° Serin isabelle panaché.
20° Serin isabelle à queue blanche et panaché.
21° Serin blanc à yeux rouges.
22° Serin bizarre panaché.
23° Serin bizarre panaché à yeux rouges.
24° Serin panaché de blond.
25° Serin panaché de blond à yeux rouges.
26° Serin panaché de noir.
27° Serin panaché de noir à yeux rouges.
28° Serin jaune jonquille.
29° Serin hollandais.
30° Serin hollandais, tout jaune, à huppe blanche ou couronné.

La plupart des oiseaux de la même espèce sont fort bien associés au canari, et produisent des sujets qui peuvent former des variétés sans nombre.

CHARDONNERET. — Le chardonneret est le plus bel et le plus charmant oiseau de nos contrées. Il ne lui manque, a dit notre grand naturaliste (Buffon), que d'être rare et de venir d'un pays étranger pour être estimé ce qu'il vaut. Les couleurs vives de ses plumes, rouge cramoisi, jaune doré, noir velouté, se marient agréablement ou apparaissent tranchées sur la tête et les ailes.

La femelle a des couleurs moins vives que le mâle ; celui-ci ne prend ses plus belles nuances que la seconde année. Le chardonneret est le plus affairé, nous ne disons pas le plus turbulent, des oiseaux de volière. Son activité est incomparable. Mettez dans sa volière des rameaux d'arbustes, des épis, des fleurs de chardon, le chardonneret ne se donnera aucun repos qu'il n'ait fait tomber toutes les feuilles, toutes les barbes de ces branches et de ces chardons. Nous avions placé quelques arbustes vivants, troënes, buissons ardents, etc., dans une volière où se trouvaient une trentaine d'oiseaux, dont cinq chardonnerets : au bout de quelques jours il ne restait à ces arbustes ni baies ni feuilles ; ils périrent.

Un besoin d'agir tourmente particulièrement et perpétuellement le chardonneret, et ce besoin va si loin, qu'il faut s'attendre à perdre bien des nichées des autres oiseaux si, dans la même volière, se trouvent quelques chardonnerets. On en voit incessamment occupés à défaire les nids, à casser les œufs, à poursuivre les oiseaux accouplés, à se donner les plus funestes passe-temps. Cette humeur vive et remuante oblige les éleveurs à séquestrer les chardonnerets au temps des nichées.

Quoiqu'il ne soit pas au premier rang des oiseaux chanteurs, le chardonneret jouit cependant d'une réputation incontestée sous ce rapport ; mais si l'on veut jouir de son chant, on doit le tenir seul en cage. C'est, du reste, ce qu'il faut faire à l'égard de tous les autres oiseaux, quand on veut avoir des chantres, et c'est le privilége des mâles seuls.

Une autre qualité des chardonnerets, c'est leur docilité. On leur apprend, sans beaucoup de peine, divers mouvements connus de tout le monde : on les habille, on leur fait tirer de petits seaux pour boire ; ils font l'exercice, manient un bâtonnet, mettent le feu à un petit canon.

Dans une volière où ils sont en nombre, ils vont toujours par troupe. On les voit assemblés, paître les uns près des autres sur les mottes de gazon et prendre un singulier plaisir à arracher chaque brin d'herbe. Le chardonneret aime tant la société de ses semblables, qu'il se mire volontiers dans un miroir, croyant être en compagnie.

Le mâle chardonneret s'accouple avec la femelle du serin et du canari. Et à ce sujet nous avons constaté l'exactitude de l'observation du R. P. Bouget, à savoir : « Les femelles de canaris qui auront un mâle de leur espèce pour quatre et même pour six, ne se donneront point au mâle chardonneret, à moins que le leur ne puisse suffire à toutes ; dans ce cas seul, les serines délaissées accepteront le mâle étranger et lui feront même des avances. »

Le chardonneret s'accouple très-bien avec les autres petits oiseaux granivores. Le produit de son accouplement avec la linotte est le moins estimé, et celui dont on fait le plus de cas, soit pour le chant, soit parfois pour le plumage, provient de la serine et du chardonneret.

Les variétés du chardonneret sont toutes accidentelles et dues à la domesticité ; le chardonneret d'Algérie ne diffère du nôtre que par des couleurs moins vives et moins tranchées. On voit chez quelques amateurs le *chardonneret à capuchon noir*, le *chardonneret à poitrine jaune*, le *chardonneret à front blanc et à queue rouge*, le *chardonneret blanc* ou presque entièrement blanc, le *chardonneret noir* ou *noir à tête orangée*. Le Brésil nous fournit un *chardonneret vert*, et la Virginie un *chardonneret jaune*.

Quant aux métis, ils offrent des nuances très-variées, mais rarement avec du rouge. A ce sujet nous devons dire que le métis diffère du mulet en ce qu'il est fécond pour un temps. Tous les petits oiseaux dont nous traitons ici sont granivores, la plupart peuvent se croiser entre eux et donner lieu à des métis. Ajoutons cependant que l'on obtient fréquemment des métis stériles, comme nous nous en sommes convaincu souvent, sans pouvoir assigner une cause à cette singularité. Cette explication s'applique à tous les oiseaux dont il est question dans cette seconde partie.

LINOTTE. — La linotte s'accouple très-aisément avec le serin ; les métis en sont féconds si l'on apparie la linotte avec le canari femelle.

La linotte mâle est susceptible d'apprendre à chanter sur divers tons ; mais son chant passionné du printemps et sa note indépendante valent beaucoup mieux. On lui enseigne aussi à parler, c'est-à-dire à siffler quelques mots. Le plumage de la linotte est simple, sans couleur tranchée, tirant sur le brun et le rouge brun ; la poitrine et la tête du mâle sont même parfois d'un rouge tendre. C'est un des oiseaux les plus communs de notre France ; il passe l'hiver dans les bois et la belle saison dans nos campagnes.

Les linottes, comme les chardonnerets, vont par troupes nombreuses, fourragent ensemble, fréquentent les mêmes abreuvoirs, où elles se rendent par vols considérables, et c'est principalement là que les oiseleurs font des coups de filet de cinquante et cent linottes. C'est après les nichées que ces charmants oiseaux aiment ainsi à se réunir; ils continuent à le faire jusqu'à la fin de l'hiver, époque où les couples se forment et s'isolent.

Tout en réservant pour la fin les explications convenables à la bonne tenue des volières et à la nourriture de tous ces oiseaux, nous devons dire de celui-ci et de toutes les variétés de linottes, qu'ils mangent la graine de lin sans se nourrir moins bien des graines convenables aux autres, et qu'ils se poudrent volontiers comme le moineau et quelques autres granivores. Cette particularité oblige l'éleveur à tenir de la terre sèche et du sable fin dans un coin de la volière, principalement à l'endroit où le soleil donne; ils aiment à se vautrer dans cette poussière, ce qui n'empêche pas qu'ils se baignent tout aussi volontiers que les autres oiseaux non pulvérateurs.

La *linotte blanche*, dont les ailes sont bordées de blanc et le reste du corps bigarré de cette couleur, et la *linotte aux pieds noirs*, sont des variétés dues à l'éducation.

L'Angleterre possède la *linotte de montagne*, à gorge rouge, au bec plus fin et à la forme plus allongée. La *petite linotte, sizerin, sizerine-linotte*, autrement dite *cabaret*, est rare, même en Allemagne, sa patrie. Le royaume d'Angora fournit la *vengaline*, espèce de linotte dont le plumage est jaune sur le croupion, et le reste à peu près comme les nôtres. Une autre variété étrangère, ayant la tête jaune, est connue sous le nom de *moineau du Mexique*. Le *ministre* est une linotte de la Caroline, d'un beau bleu, avec des nuances de la même couleur sur les diverses parties du corps ; on l'appelle aussi *linotte bleue*.

Bengalis. — Sénégalis. — Ces oiseaux peuvent être classés entre les linottes et les moineaux ; ils tiennent surtout de ceux-ci par leur penchant à la déprédation et par leurs mœurs familières et tout aussi belliqueuses.

Les bengalis et les sénégalis ne nous viennent pas seulement du Bengale et du Sénégal, mais encore de tout le midi de l'Asie et de l'Afrique, et des îles adjacentes.

On peut former tout autant de variétés des diverses couleurs de ces oiseaux, et ils les ont toutes : noir, jaune, bleu, rouge, vert, brun, etc... Il est d'observation que chaque oiseau, vert après une mue, passe au bleu à une seconde, au rouge à une autre, etc..., changeant ainsi à chaque mue pendant plusieurs années. Presque tous muent deux fois, c'est-à-dire changent de plumes deux fois l'année, revêtant à chaque fois une couleur pour la saison.

Quoique le plus grand nombre de ces oiseaux aient une couleur unie, on connaît quelques variétés en possession de plusieurs couleurs, surtout parmi les *bengalis* : le *servan*, à couleur fauve ; le *maïa*, d'une teinte noirâtre ; le *maïan*, rouge noir, sont des oiseaux qui diffèrent très-peu des *sénégalis* et des *bengalis;* ils n'en diffèrent même point quant aux formes, et tous ont l'instinct ravageur, qu'ils exercent dans les jardins et dans les champs de menue graine. On trouve ces oiseaux chez tous les grands oiseleurs des principales villes. Ils sont très-frileux, et demandent en hiver une volière chauffée, ou tout au moins fermée et bien exposée, comme il la faut aux canaris.

Pinson. — Cet oiseau, très-connu, habite nos campagnes ; il n'abandonne pas même en hiver nos provinces méridionales. Le pinson n'est jamais isolé, il aime la société des siens. Il est turbulent dans les volières, et toujours vif, alerte et gai *comme un pinson.*

Lorsqu'on veut élever les petits pris au nid, il faut leur donner des chenilles et des insectes. C'est ainsi qu'on doit élever tous les oiseaux qui ont le bec un peu fort, tels que moineaux, linottes, verdiers, bruants, qui se nourrissent principalement de grain étant adultes, mais auxquels les mères apportent beaucoup d'insectes quand ils sont encore au nid. Cette nourriture les fortifie et les fait croître plus vite ; faute de se conformer ainsi à la nature, on élève fort peu de ces oiseaux pris au nid.

Les couleurs du pinson sont fort agréablement mélangées de brun, de jaune, de noir, de blanc, le mâle plus que la femelle. Indépendamment du *pinson à ailes et à queues noires,* du *pinson brun,* du *pinson huppé* et du *pinson à collier,* qui forment des variétés de volières, on possède le joli et coquet *pinson des Ardennes*, qui ne fait que passer sur notre sol, et toujours par vols très-nombreux. On lui donne, dans le midi de la France, le nom de *pinson royal*. On le prend au filet, et il s'élève fort bien ensuite dans les volières, où il se familiarise assez pour nicher.

Nous avons obtenu de la femelle du *pinson royal* avec le mâle de *canari commun huppé* un mulet ayant la forme allongée et gracieuse du *canari hollandais*, qui est l'oiseau qui ressemble le plus, sous ce rapport, au *pinson royal*. Ce mulet était jaune éclatant à sa gorge, sur le dos et à la queue ; sa huppe était noire et sa tête rayée de brun et de noir, ses ailes, brunes, avaient des taches blanches et jaunâtres ; son chant était tout aussi remarquable et d'une grande douceur.

Le pinson *grand-montain* est le plus fort ; il est très-varié en couleur, mais sans éclat ; il forme une variété distincte, ainsi que le *pinson de neige* ou *blanc*, le *pinson brunet*, le *pinson bonasson* d'Amérique, *bleu, vert* et *jaune* ; le *pinson noir, aux yeux rouges*, le *pinson noir et jaune* et le *pinson olivette de Chine*, le *pinson frisé*, etc.

Veuves. — Ce petit oiseau vient d'Afrique ; il fréquente l'Algérie au printemps et il y niche dans les gorges de l'Atlas, pour retourner vers le midi à la fin de l'été. Le bec court et conique des *veuves* fait contraste avec leur longue queue toujours en mouvement. Leur plumage brun et noir peut leur avoir fait donner ce nom. Des six à sept variétés de *reures* les plus recherchées des amateurs, on en compte quelques-unes fort jolies; toutes se distinguent par leur longue queue, c'est-à-dire par deux longues plumes latérales de la queue.

La *reure au collier d'or* est la plus belle, soit par son demi-collier, très-large et d'un jaune doré, soit par sa poitrine orangée. La *reure à quatre brins* a le bec et les pattes rouges, les parties inférieures aurore et la queue avec quatre plumes longues, les deux latérales et les deux du milieu. Cette espèce est plus petite que les autres. Il y a encore la *reure dominicaine*, la *grande reure*, la *reure à épaulettes*, la *reure de feu*. Le *grenadier* est un charmant oiseau qui tient de la *reure* par la queue et du chardonneret par le bec, qui est long, mais rouge. Tous ces oiseaux changent de plumes deux fois par an, sans doute par un effet des climats chauds où ils vivent.

Tarin. — Le *tarin* est un oiseau intermédiaire entre le serin et le chardonneret; il tient du premier par le plumage et la forme, du second par le bec et les mœurs. Le *tarin* est susceptible de la même familiarité et des mêmes exercices que le chardonneret; il lui est inférieur par le chant; il n'est chez nous que de passage, excepté en Provence, où il niche dans les montagnes.

Appareillé avec la canarine, le tarin se montre aussi zélé et aussi assidu que le mâle canari. Tous ces oiseaux granivores peuvent, nous le répétons, nicher et produire étant diversement accouplés.

Le *tarin de Provence* a plus de vert et de jaune que le tarin ordinaire. On trouve dans quelques volières le *tarin d'York,* le *tarin noir,* le *tarin olive.*

TANGARA. — CARDINAL. — Le genre des tangaras est composé de beaucoup d'espèces, toutes étrangères, et la plupart originaires de l'Amérique du Sud. Tous ces oiseaux, de grosseur variable, entre le moineau et le serin, mangent des grains et de petits fruits.

Le *tangara huppé* est un des plus gros ; sa huppe consiste en un bouquet de plumes, qu'il relève ou abaisse, sur le sommet de la tête. Le *tangara* est noir et brun, à reflet éclatant.

Le *scarlate* est plus conu sous le nom de *cardinal ;* son plumage est rouge écarlate. Il offre quatre espèces de variétés : le *moineau rouge sans queue,* le *moineau rouge à queue,* le *cardinal à collier* et le *cardinal tâcheté.*

Le *tangara du Canada* est le plus petit; il est d'un rouge clair, avec les ailes et la queue noires.

Le *tangara cravaté ou à camail,* le *tangara noir,* le *tangara pourpré à bec d'argent,* le *bleuet,* le *tangara vert,* le *tangara tricolore,* le *tangara septicolore* et quelques autres, sont depuis longtemps introduits dans les volières d'Europe ; mais ils ne supportent pas le froid. Il leur faut un appartement chauffé pour nicher ; les simples interruptions du feu pendant la nuit les retardent considérablement.

BRUANT. — Le bruant est l'oiseau le plus voisin de

l'ortolan, mais il n'émigre pas de France; cependant, il abandonne souvent les provinces du nord. Il se tient, en été, sur les limites des bois, et, l'hiver, dans nos départements méridionaux, où il est connu sous le nom de *zizi*, il s'y mêle par troupes aux pinsons.

Le jaune, le brun et le vert constituent les couleurs fixes de son plumage.

Le *bruant fou d'Italie* est ainsi nommé par sa facilité à donner dans tous les piéges. Le *proyer* est un bruant de passage qui ne s'éloigne pas des prairies ; on l'a appelé pour cela le *bruant des prés*. Les variétés étrangères sont peu connues, parce qu'elles n'ont rien d'assez intéressant pour mériter l'attention des oiseleurs.

Verdier. — C'est un oiseau souvent confondu avec le bruant, auquel il ressemble beaucoup en toutes choses. Le verdier ne quitte jamais le bois qui l'a vu naître. Il est aisé de l'apprivoiser. On lui apprend même quelques mots et divers exercices. Parmi tant d'autres oiseaux plus jolis et plus délicats, meilleurs chantres surtout, le verdier apparaît dépourvu des qualités qui font rechercher ce peuple ailé ; on s'occupe donc peu de ses variétés, telles que : le *verderin*, le *verdier sans vert*, etc.

Bouvreuil. — Le bouvreuil serait plus répandu et ornerait un plus grand nombre de volières s'il était plus connu. Agréments de la forme, plumage charmant et modeste, familiarité, grande facilité à parler et à prononcer certains mots, on trouve dans le bouvreuil toutes ces qualités ; et, par-dessus tout cela, un vif attachement aux personnes qui l'ont élevé, une espèce de sentiment de reconnaissance du bien qu'on lui a fait.

Malheureusement, cet oiseau ne vit que cinq à six ans, et c'est une grande douleur de le perdre quand il est apprivoisé. On oublie difficilement un hôte si familier et si aimable, qui allait et venait dans la maison, qui accourait sur votre doigt lorsque vous entriez dans la volière, qui badinait avec votre plume à votre bureau, avec votre cuiller pendant le repas, etc.

Le bouvreuil ordinaire est fort commun dans les provinces du nord de la France, en Bretagne, en Normandie ; il vit dans la campagne et fréquente les haies et les taillis ; en hiver, il se rapproche des habitations pour profiter des débris de grains ; il suit les enfants pour attraper quelques miettes de pain et ne se montre point du tout farouche. Quelques-uns abandonnent les lieux où ils vivaient lorsqu'il tombe de la neige, et prennent leur volée vers le midi, où les champs leur offrent encore pâture.

Ils sont de la grosseur du moineau, ont le corps assez ramassé, mais fort gracieusement découpé ; le sommet de la tête, le tour du bec et le dessus de la gorge sont d'un beau noir lustré ; le devant du cou, la poitrine et le devant du ventre d'un beau rouge chez le mâle, et café au lait chez la femelle ; le bas-ventre et les couvertures inférieures de la queue et des ailes, blancs ; le dessus du cou, le dos et les scapulaires, cendrés ; le croupion, blanc ; les couvertures supérieures, les plumes de la queue et les pattes, d'un beau noir tirant sur le violet, avec des taches bleues chez les mâles ; l'iris est bleu ou noisette, le bec gros et la mandibule supérieure terminée en petit crochet.

Le bouvreuil se nourrit de tout, vivant dans les arbustes et les haies ; il saisit les premières violettes pour les dépecer et se nourrir des graines qui se trouvent au fond du calice ; il s'attaque aussi aux nouveaux bourgeons des arbustes, des rosiers, etc., aux premiers mouvements de la séve, et, de là, le nom d'*ébourgeonneux*, que lui ont donné les Normands.

Il niche parfaitement en volière. Ses œufs sont d'un joli bleu, avec des petits points rouges vers le gros bout. Il nourrit ses petits avec des insectes d'abord, puis avec de la verdure, des graines, des baies d'arbustes, etc. Une paire de bouvreuils apprivoisés avait niché dans notre cabinet de travail : le mâle mourut sur ces entrefaites ; nous donnâmes un mâle canari à la femelle, et le canari remplaça si bien le bouvreuil dans l'éducation de la nichée, que la femelle fit une seconde nichée de métis qui avaient plus de ressemblance avec le canari par la forme et avec le bouvreuil par le plumage ; ceux-là ne furent nourris qu'avec des baies et des graines.

Les variétés du bouvreuil sont nombreuses ; on distingue : le *bouvreuil blanc* ; le *bouvreuil noir* ;

le *grand bouvreuil d'Afrique*; le *bouvreuil* dit *bouvaret*, noir et orangé, du Cap; le *bouvreuil à bec blanc* de Guyane et le *bouvreuil bigarré*, dont les plumes de la queue sont frisées. L'Amérique en a de toutes sortes. Tous ont les mêmes mœurs.

PERROQUETS. — PERRUCHES. — ARAS. — Ces oiseaux, de volière et d'appartement, subissent le plus complétement le joug de la domesticité, peut-être parce que, originaires de pays plus chauds que la France, ils ne peuvent pas se passer des soins de l'homme.

Tout le monde connaît les *perroquets*, leurs variétés de grosseur et de plumage, leur caquet et leurs cris souvent si importuns. On a dit que ces cris leur ont fait préférer les perruches, mais c'est à tort, car plusieurs de leurs variétés, les *perruches vertes* du Sénégal, par exemple, sont fort criardes.

Le *jacquot*, ou *perroquet* gris, le *vert*, ou *amazone*, le *bizarre*, et le *noir*, de Madagascar, sont les plus aptes à parler.

Parmi les *perruches*, celles que l'on recherche le plus aujourd'hui sont : 1º la *perruche de Pennant*, rouge en dessous, avec la couverture rouge et bleue; 2º la *perruche d'Australie*, verte, à tête bleue; 3º la *perruche ondulée*, originaire de la Nouvelle-Hollande. C'est la plus petite de toutes, et n'a souvent que la grosseur d'un canari. Combien elle est belle et gentille avec son beau plumage, avec sa longue queue et son bec d'ébène ou de corail! Sa grande facilité à se multiplier, même en cage, est un garant de sa perpétuité en France, où elle est fort recherchée.

Les *aras* se rapprochent des perroquets, ou plutôt sont des espèces de perroquets, dont les joues sont dépourvues de plumes. Leur bec est tout aussi fort et crochu et ils s'en aident aussi pour grimper. Tous ont la queue longue et une grande variété de plumage et de grosseur. Les *aras* sont moins connus que les perroquets. L'*aras rouge* est un des plus grands, et nous vient du Brésil. L'*aras bleu*, également originaire du Brésil, est plus petit.

Nous en dirons autant des *cacatois*, oiseaux de la famille des grimpeurs, comme les précédents; ils sont huppés et magnifiquement emplumés; la plupart nous viennent d'Australie et des mers du Sud.

Tous ces oiseaux vivent de la même manière et se contentent des mêmes soins. Les graines à l'usage des passereaux, les fruits, le pain, le sucre, la salade, leur sont utiles et agréables. Ils ne paraissent pas inquiets dans une cage, sont heureux dans les volières, et savent passer leur vie dans nos appartements, où ils tiennent souvent une place distinguée.

Épilogue.

Nous nous arrêtons là, laissant aux amateurs le soin d'appliquer les règles de l'éducation des oiseaux à une foule d'autres, dont nous n'avons pas parlé, dans la crainte de grossir ce volume, d'autant plus qu'ils n'exigeront pas d'autres soins; à l'exception pourtant du rossignol, de la fauvette et des oiseaux de ce genre, dont la nourriture consiste en œufs de fourmis, vers et petits insectes. Nous laissons aussi aux éleveurs passionnés de raconter les faits et gestes de leurs oiseaux privilégiés, de décrire leur tempérament, leurs goûts, leurs habitudes, leurs querelles, leurs jalousies.

La nature est grande en toutes choses, le plus petit objet de ce vaste univers peut fournir largement à nos études et à nos contemplations. Il n'y a pas un brin d'herbe qui ne parle à sa manière de la grandeur du Créateur; les oiseaux et les cieux célèbrent sa gloire, et nous assistons perpétuellement au concert merveilleux de tous ces petits êtres qui, perdus dans la frange du vêtement de cette belle nature, en rehaussent néanmoins les magnificences.

TABLE DES FIGURES

TABLE DES MATIÈRES

Evreux, A. HÉRISSEY, imp. — 965.

LIBRAIRIE CENTRALE
D'AGRICULTURE ET DE JARDINAGE

(FONDÉE EN 1853)

RUE DES ÉCOLES, 82, PRÈS DU MUSÉE DE CLUNY

Anciennement QUAI DES GRANDS-AUGUSTINS, 41

CATALOGUE GÉNÉRAL

1er AOUT 1865.

NOTA. — Tous les ouvrages composant le présent Catalogue sont expédiés *franco* sans augmentation des prix marqués, sur demande affranchie. — En outre de l'envoi *franco*, il sera fait 5 p. 100 de remise sur les commandes de 31 à 50 fr., et 10 p. 100 sur celle de 51 fr. et au delà. — *Sont exceptés de ces conditions les abonnements aux journaux. sur lesquels il n'est fait aucune réduction.* — Je me charge de fournir aux conditions détaillées ci-dessus les ouvrages de **Droit**, de **Littérature ancienne et moderne**, de **Médecine**, de **Sciences diverses**, etc. — Les demandeurs sont priés de joindre à leur commande un mandat de poste égal à la valeur des ouvrages demandés.

Bibliothèque de l'Agriculteur praticien.

Abeilles. Leur éducation, par A. Espanet. In-18. 40 c.

Abeilles. — Le Guide du propriétaire d'abeilles, par l'abbé Collin, 3e édit. 1 vol. in-18 et 2 planches. 2 50

Agriculteur praticien (*L'*), *Revue de l'agriculture française et étrangère.* 12e année. Prix de l'abonnement. 6 fr.

Agriculture. Quelques observations pratiques, par Bodin. In-18. 15 c.

Alcoolisation générale (*Traité complet d'*). Guide du fabricant d'alcools, etc., etc., par N. Basset. 1 vol. in-18, 2e édit. 6 fr.

Almanach de l'Agriculteur praticien pour 1865. 9e année. 1 vol. In-18 avec de nombreuses fig. 50 c.

Les années 1857 à 1864, chaque. 50 c.

Amendements et Engrais (*Petit Traité des*), par P.-A. de Thier. 1 vol. in-18. (*Sous presse.*)

Analyse chimique appliquée à l'agriculture (*Notions élémentaires d'*), par Isidore Pierre. 1 vol. in-18 avec fig. 2 50

Basse-Cour. — Poules, Oies, Canards, Pintades, Dindons, Pigeons, par le baron Peers, 2e édit. 1 vol. in-18 et planches. 1 75

Basse-Cour et Lapin. Traité complet de l'élève et de l'engraissement des animaux de basse-cour et du lapin, par Ysabeau. 1 vol. in-18. 75 c.

Bétail (*De l'alimentation du*) aux points de vue de la production, du travail, de la viande, de la graisse, de la laine, du lait et des engrais, par Isidore Pierre, 3e édition. 1 vol. in-18. 2 50

Bêtes ovines (*Des*) **et des Chèvres,** par Ysabeau. 1 vol. in-18. fig. 75 c.

Betterave (*Traité pratique de la culture et de l'alcoolisation de la*), par N. Basset. 1 vol. in-18, 2e éd. 2 fr.

Céréales (*Etudes comparées sur la culture des*), des plantes fourragères et des plantes industrielles, par Isidore Pierre. 1 vol. in-18. 2 50

Chaux, Marne et Calcaires coquilliers. Leur emploi pour l'amendement du sol, par Isidore Pierre. In-18. 2e édition. 50 c.

Cultivateur anglais (*Le*), Théorie et pratique de l'agriculture, par Murphy, trad. de l'angl. sur la 5e édit. par Sanrey. In-18. Fig. 1 50

Culture (*De la petite*), ou moyens d'augmenter le rendement des terres de labour et de jardin, par A. Espanet. In-18. 1 fr.

Dindons et Pintades, par Mariot-Didieux. 1 vol. in-18. 75 c.

Drainage. L'Art de tracer et d'établir les drains, par Grandvoinnet. 1 vol. in-18 avec 160 figures. 3 fr.

Drainage. Résumé d'un cours pour les cultivateurs, par Hernoux, ingénieur. In-18, fig. 1 fr.

Engrais en général (*Des*), suivi de la manière de traiter les matières fécales, par Greff. 2e éd. in-18. Fig. 50 c.

Fourrages (*Recherches sur la valeur nutritive des*), par Isidore Pierre. 1 vol. in-18, 3e édit. 2 50

Fumier (*Plâtrage et sulfatage du*, et désinfection des vidanges, par Isidore Pierre. In-18. 2e édit. 50 c.

Fumier de ferme (*Le*, élevé à sa plus haute puissance de fertilisation et n'étant plus insalubre, par Quenard. In-18, 2e édit. 1 25

Guano du Pérou (*Le*), comp., falsif., emploi et effets de cet engr. 30 c.

Instruments aratoires (*Des*) **et des travaux des champs,** par Ysabeau. 1 vol. in-18, fig. 75 c.

Irrigation (*Manuel d'*), par Deby. In-18 avec 100 fig. 1 50

Irrigations (*Petit Traité des*), par James Donald, traduit par A. de Frarière. In-18 avec fig. 50 c.

Lapin domestique (*Traité pratique de l'éducation du*), par le F. Alexis Espanet, 4e édit. 1 vol. in-18 avec figures. 1 fr.

Laiterie. — Notions pratiques sur l'art de faire le beurre et de fabriquer les fromages, etc., par A. DE THIER. 1 vol. in-18 avec fig.   75 c.

Laiterie. — La laiterie. Art de traiter le laitage, de faire le beurre et de fabriquer les diverses espèces de fromages. 1 vol. in-18 avec fig. (*Sous presse.*)

Maïs (*Du*), de sa culture et des divers emplois dont il est susceptible, par KEENE et A. DE THIER. In-18. (2e *édition sous presse.*)

Maïs (*Alcoolisation des tiges du*) et du **Sorgho sucré**. ALCOOL. — CIDRE. — BIÈRE. — VINS ARTIFICIELS, par DURET, chimiste. In-18. 75 c.

Pigeons de colombier et de volière (*Guide de l'éleveur de*), par MARIOT-DIDIEUX. In-18.   75 c.

Pigeons (*De l'éducation des*), **Oiseaux** de luxe, de volière et de cage, par A. ESPANET. 2e édit. 1 vol. in-18 avec figures.   1 fr.

Plantes fourragères (*Traité pratique de la culture des*), par DE THIER. 2e édit. revue et augmentée par A. LEROY. 1 vol. in-18. 1 fr.

Porcs (*Du traitement des*) aux différentes époques de l'année. Extrait des meilleurs ouvrages anglais, par J. A. G. In-18 avec 32 fig.   1 25

Porcheries (*De l'établissement des*), dispositions diverses, construction, par J. GRANDVOINNET. 1 vol. in-18 avec 95 fig. dans le texte. 2 50

Poules (*De l'éducation des*), **Dindes**, **Oies** et **Canards**, par le F. Alexis ESPANET. 1 vol. in-18.   1 fr.

Races bovines (*De l'amélioration des*) en France, et particulièrement dans les départements de l'Est, par SAINT-FERJEUX. 2e édit. 1 fr.

Récoltes dérobées (*Des*), comme fourrages et engrais verts, et culture de la *Moutarde blanche*, trad. de l'angl. par J. A. G. in-18 fig. 75 c.

Sang de rate des animaux d'espèces ovine et bovine, par Isidore PIERRE. In-18.   1 fr.

Semailles en ligne (*Des*) et des **Semoirs mécaniques**, par F. GEORGES. In-8. (Extrait de l'*Agriculteur praticien*.)   50 c.

Sorgho à sucre (*Guide du distillateur du*), par F. BOURDAIS. In-18. 1 fr.

Stabulation (*De la*) de l'espèce bovine, p. le bar. PEERS. 1 v. in-18. 1 25

Topinambour. — Culture, alcoolisation et panification de ce tubercule, par DELBETZ. 1 vol. in-18.   1 25

Végétaux (*De la nutrition des*) considérée dans ses rapports avec les assolements, par le baron DE BABO. 1 vol. in-18.   1 fr.

Vers à soie (*Guide de l'éleveur de*), par MM. GUÉRIN-MÉNEVILLE et Eugène ROBERT. 1 vol. in-18 avec figures.   75 c.

Vinification (*Traité pratique de*), par E. RAY. 2e édition. 1 vol. in-18.   1 25

Visite à un véritable agriculteur praticien, par DURAND-SAVOYAT, propriétaire-cultivateur. 1 vol. in-18.   1 25

Abeilles.—Agriculture.—Amendements. — Bois. — Economie rurale. — Fumiers. — Oiseaux de basse-cour, etc.

Abeilles (*De l'Asphyxie momentanée des*) et des moyens de la pratiquer, ses avantages et ses inconvénients, par HAMET. In-18 orné de 10 fig.   50 c.

Abeilles (*Culture des*), par l'abbé FLOQUET, 1 vol. in-18.   1 fr.

Abeille (*L'*) **italienne des Alpes**. Exposé sur l'art d'élever les reines italiennes de pure race, de les centupler en peu de mois, et de transformer en ruches italiennes les ruches communes, par HERMANN. In-18. 1 fr.

Agriculture (*Cours d'*), par DE GASPARIN. 6 vol. in-8.　　　39 50

Agriculture. — Les lois naturelles de l'agriculture, par J. LIEBIG. 2 vol in-8°.　　　10 fr.

Agriculture moderne (*Lettres sur l'*), par J. LIEBIG. 1 vol. in-18. 3 50

Agriculture (*Traité d'*), publié sur le manuscrit de l'auteur, par DE MEIXMORON DE DOMBASLE. 5 vol. in-8.　　　30 fr.

Agriculture — Traité élémentaire d'agriculture, par MM. GIRARDIN et DUBREUIL. 2e édit., 2 vol. in-18 ornés de 955 fig.　　　16 fr.

Agriculture élémentaire, théorique et pratique, par LAGRUE. 6e édit. 1 vol. in-18 cartonné avec grav.　　　1 25

Agriculture pratique. — Cours d'agriculture pratique professé à Orléans, en 1862, 1863 et 1864, par M. GAUCHERON et rédigé par M. COTELLE. 3 vol. in-12.　　　3 fr.

Agriculture pratique et raisonnée, par John SINCLAIR, traduit de l'anglais par MATHIEU DE DOMBASLE. 1825. 2 vol. in-8° accompagnés de 9 planches. (Exemplaires reliés et brochés.)　　　15 fr.

Agriculture rationnelle. — Principes d'agriculture rationnelle, par J.-C. CRUSSARD. 1 fort vol. in-8°.　　　8 fr.

Agriculture romaine. — Fragments d'études sur l'agriculture romaine (extraits des auteurs latins), par Isidore PIERRE. 1 vol. in-18. 1 50

Agronomie. — Recherches théoriques et pratiques sur divers sujets d'agronomie et de chimie appliquée à l'agriculture, par Isidore PIERRE. 2 vol. in-8°.　　　8 fr.

Le tome 1er contient : Fragments d'études sur l'état de la science des engrais et des amendements chez les anciens Romains. — Analyse des tourteaux de quelques graines oléagineuses. — Recherches expérimentales sur le poids des blés mouillés. — Études sur le colza, etc., etc.

Le tome 2 contient : Fragments d'études sur l'ancienne agriculture romaine. — Recherches expérimentales sur le poids de la graine de colza qui a été mouillée. — Recherches expérimentales sur le développement du blé.

Chaque volume se vend séparément.

Agronomie, **Chimie agricole** et **Physiologie**, par BOUSSINGAULT. 2e édit. 3 vol. in-8° accompagnés de 6 planches.　　　15 fr.

Amendements (*Traité des*). Marne, chaux, diverses espèces d'amendements, par PUVIS, 2e édit. 1 vol. in-12.　　　3 50

Ampélographie universelle, ou *Traité des cépages* les plus estimés, par ODART, 5e édit. 1 vol. in-8°.　　　7 50

Animaux domestiques, par LEFOUR. 1 vol. in-18 et fig.　　　1 25

Animaux *Recherches expérimentales sur l'alimentation et la respiration des*, par J. ALLIBERT. In-8.　　　1 50

Apiculture (*Cours pratique d'*), professé au jardin du Luxembourg par HAMET. 2e édit. 1 vol. in-18 orné de 100 fig.　　　3 fr.

Apiculture. — Mémoire à l'aide duquel une personne seule peut cultiver en toute saison 300 ruchées, les multiplier de bonne heure sans perte d'essaims et sans nuire au couvain des souches; les réduire de même; obtenir une majeure partie de leurs produits en corbillons de miel de choix, etc., par Prosper GRANDGEORGE. In-18 de 88 pages.　　　2 fr.

Apiculture. — Pratique complète d'apiculture rationnelle et profitable avec la ruche bretonne ordinaire et en paille, par un ancien président de comice du Finistère. 1 vol. petit in-18.　　　50 c.

Apiculture perfectionnée, ou Théorie et application pratique de la direction des rayons, par J. GRESLOT. 1 vol. in-12 avec planches.　　　1 fr.

Arbres (*Physique des*), ou Traité de leur anatomie et de l'économie végétale, par DUHAMEL DU MONCEAU. 2 vol. in-4, fig. (*D'occasion.*) 20 fr.

Arbres et Arbustes (*Traité des*) qui se cultivent en France en pleine terre, par DUHAMEL DU MONCEAU. 2 vol. in-4, fig. (*D'occasion.*) 25 fr.

Arbres et leur culture (*Semis et plantations des*), par DUHAMEL DU MONCEAU. 1 vol. in-4, fig. (*D'occasion.*) 12 fr.

Assolements (*Les*) **et les systèmes de culture**, par Gustave HEUZÉ. 1 vol. in-8º orné de fig. dans le texte. 9 fr.

Atmosphère (*L'*) est un engrais complet, par le docteur SCHNEIDER. In 8º. 60 c.

Atmosphère, Sol, Engrais, par BOBIERRE. 1 gros vol. in-18. 5 fr.

Basse-Cour (*Manuel de la fille de*), contenant des instructions pour élever, nourrir, engraisser tous les animaux de la basse-cour, etc., par MALÉZIEUX. 1 vol. in-18, orné de 38 planches. 3 fr.

Basse-Cour, Pigeons et Lapins, par Mᵐᵉ MILLET. 4ᵉ édit. fig 1 25

Baux à ferme (*Etude sur les*), par VILLARD. In-8. 1 fr.

Bétail. — Économie du bétail, par SANSON. 1 vol. in-18 orné de 59 fig. 3 50

Bêtes bovines (*L'éleveur de*), par VILLEROY. in-18 et fig. 1 25

Bêtes bovines (*Traité des*), par WECKHERLIN. 1 vol. in-12. 3 50

Bêtes ovines (*Traité des*), par WECKHERLIN. 1 vol. in-12. 3 50

Betteraves. Production agricole et richesse saccharine des betteraves ensemencées à différentes époques, par MARCHAND. in-8. 1 50

Bœuf. Engraiss. du bœuf, par VIAL. 1 vol. in-18 orné de 12 fig. 1 25

Bois (*De l'Exploitation des*), par DUHAMEL DU MONCEAU. 2 vol. in-4, fig. (*D'occasion.*) 25 fr.

Bois (*Du transport, de la conservation et de la force des*), par DUHAMEL DU MONCEAU. 1 vol. in-4, fig. (*D'occasion.*) 8 fr.

Bois (*Traité du cubage des*), ou Tarifs pour cuber les bois carrés ou de charp., les bois en grume au 5ᵉ et au 6ᵉ réduit, par GUSSOT. In-8, 4ᵉ éd. 1 25

Bois en grume (*Tarif métrique pour la réduction des*) en bois équarris, mesurés de 3 en 3 centim., etc., par FOUCHARD. In-18. 2 50

Bon fermier (*Le*). Aide-mémoire du cultivateur, par BARRAL. 2ᵉ édit. 1861-62. 1 vol. in-18 orné de 230 grav. 7 fr.

Calendrier apicole. — Almanach des Cultivateurs d'abeilles pour 1865, par MM. HAMET et COLLIN. In-18 orné de 14 fig. 50 c.

Calendrier du bon Cultivateur, par MATHIEU DE DOMBASLE, 10ᵉ édit. 1 vol. in-12 avec planches. 4 75

Cailles, Faisans et Perdrix. (*Voir* page 16.)

Canards. (Voir *l'Education des poules*, de F. Alexis ESPANET, page 4.)

Causeries sur l'agriculture et l'horticulture, par P. JOIGNEAUX. 1 vol. in-18 orné de 27 grav. 3 50

Cheval (*Achat du*), par GAYOT. 1 vol. in-18 et fig. 1 25

Cheval. — Choix du cheval, ou description de tous les caractères à l'aide desquels on peut reconnaître l'aptitude des chevaux aux différents services, par J. MAGNE. 1 vol. in-18 orné de 21 fig. dans le texte. 2 fr.

Cheval, Ane et Mulet, par LEFOUR. 1 vol. in-18 et fig. 1 25

Chèvres. (*Voir* p. 3.)

Chimie agricole (*Petit Cours de*), à l'usage des écoles primaires, par F. MALAGUTI. 1 vol. in-18, fig. 1 25

Chimie agricole, ou l'agriculture considérée dans ses rapports avec la chimie, par Isidore PIERRE, 3ᵉ édit. 1 vol. in-18 avec fig. 4 fr.

Chimie appliquée à l'agriculture. Précis des leçons professées depuis 1852 jusqu'à 1862, par MALAGUTI. 3 vol. in-18. 10 50

Chimie usuelle (*La*) appliquée à l'agriculture et aux arts, par STOCKHARDT, trad. de l'allemand sur la 11ᵉ édit. In-18, 225 grav. 4 50

Choux. — Les choux, culture et emploi, par P. JOIGNEAUX. 1 vol. in-18 orné de 14 figures. 1 25

Comptabilité agricole, par SAINT-IN-LEROY, comprenant :
Mémorial de l'agriculteur, contenant les tableaux propres à recevoir

les notes et renseignements indispensables à tous les fermiers ou propriétaires. 1 vol. in-4º oblong. 4 fr.

Livre de caisse, faisant suite au précédent. In-4º oblong. 2 50

Manuel de la comptabilité agricole pratique en partie simple et en partie double. 1 vol. grand in-8º avec tableaux. 3 fr.

Mémorial-Caisse, ou Registre de la petite culture à l'usage de l'enseignement élémentaire de la comptabilité agricole dans les Écoles primaires. In-8º oblong. 1 25

Comptabilité agricole. — Notions pratiques sur la comptabilité agricole en partie simple et en partie double, à l'usage des cultivateurs, des fermiers, des propriétaires, etc., par J. SCHNEIDER. In-18. 1 fr.

Comptabilité et géométrie agricoles, par LEFOUR. in-18, fig. 1 25

Conseils aux agriculteurs sur les moyens de prévenir l'enflure des vaches, par PAPIN. In-18. 40 c.

Constructions rurales (*Manuel des*), par BONA. 1 vol. in-18 orné de 200 fig. 3 50

Constructions rurales et mécanique agricole, par LEFOUR. in-18. fig. 1 25

Cours d'Économie agricole et de Culture usuelle, professé par M. GAUCHERON. 1re partie : *Plantes fourragères*. 1 vol. in-18. 1 25

Cubage des bois en grume et équarris (*Tarif de poche* ou *Traité portatif du*), s'appliquant aux divers systèmes en usage ; *vade-mecum* des agents forestiers, etc., par HURTAULT-BANCE. In-18. 80 c.

Cubage des bois équarris (*Tarif métrique pour le*), etc., par FOUCHARD père. 1 vol. in-18. 4 fr.

Culture améliorante (*Principes de*), par LECOUTEUX. 2e éd. in-18. 3 50

Culture générale et instrum. aratoires, par LEFOUR. in-18. fig. 1 25

Culture. — Traité des entreprises de grande culture, ou principes généraux d'économie rurale, par E. LECOUTEUX. 2 vol. in-8º. 15 fr.

Dictionnaire d'Agriculture pratique, comprenant tout ce qui se rattache à la grande culture, à la chimie, à la mécanique agricole, à l'économie rurale, etc., par JOIGNEAUX et MOREAU, 2 gros vol. grand in-8º ornés de figures. 20 fr.

Dindes. (Voir l'*Éducation des Poules*, de F. Alexis ESPANET, page 4.)

Drainage. — Traité de Drainage, ou essai théorique et pratique sur l'assainissement des terrains humides, par J. LECLERC, 3e édit. 1 vol. in-18 orné de 130 fig. 3 50

Économie domestique, par Mme MILLET-ROBINET, 3e édit. 1 vol. in-18 orné de 77 figures. 1 25

Économie rurale, considérée dans ses rapports avec la chimie, la physique et la météorologie, par J.-N. BOUSSINGAULT. 2 v. in-8, 2e éd. 15 fr.

Égide du monde agricole, ou prévisions et conseils du plus haut intérêt pour les agriculteurs et les négociants en grains et farines, par DUCROTOY. 1 vol. in-8º. 3 fr.

Encyclopédie pratique de l'Agriculteur, publiée sous la direction de MM. MOLL et Eugène GAYOT. — Cet ouvrage sera complet en 15 ou 18 vol. Les tomes 1 à 10 sont en vente.
Prix de chaque volume avec de nombreuses figures dans le texte. 7 fr

Engrais (*Des*), ou l'art d'améliorer les plus mauvaises terres par les amendements et les engrais de toute nature, par DUCOIN. 1 vol. in-18. 1 fr.

Engrais. — Du système de culture fondé sur l'emploi exclusif du fumier de ferme, et résumé de quelques notions et principes importants en matière d'engrais, de nutrition végétale et de culture, d'après les recherches et travaux de MM. LIEBIG, BOUSSINGAULT, MALAGUTI, BOBIERRE. etc., par DUMAY, 2e édition in-8º. 1 fr.

Engrais azotés (*Des*), par DE GASPARIN, extrait par GUEYMARD, avec un tableau comparatif de la puissance de 119 engrais. In-18.   25 c.

Engrais de commerce. — Guide pratique du cultivateur pour le choix, l'achat et l'emploi des engrais de commerce. Origine, composition, valeur, effets, durée, modes d'emploi, prix, garanties, recours en cas de fraude, etc., par A. DUDOUY. 1 vol. in-18. (*Sous presse*.)   2 50

Engrais et Amendements; *Fumiers de ferme et Composts*, par FOUQUET, 2e édit. 2 vol. in-18.   2 50

Engraissement (*Observations et conseils pratiques sur l'*) des veaux, des vaches et des bœufs, par FAVRE D'EVIRE. 1824, in-8.   75 c.

Entraînement. — Guide du sportsman ou Traité de l'Entraînement et des Courses de chevaux, par E. GAYOT. 1 vol. in-18, fig.   3 50

Essais gleucométriques faits en 1862 sur cent variétés de raisin, par le docteur FLEUROT. In-8.   1 fr.

Faisans, Cailles et Perdrix. (*Voir* page 16.)

Fécondation (*De la*) et de l'Eclosion artificielles des œufs de poisson et de l'éducation du frai, par GODENIER. In-8.   1 fr.

Fermage (*Estimation, plan d'amélioration, baux*), par DE GASPARIN. in-18.   1 25

Fermentation vineuse. Leçons sur la fermentation vineuse et sur la fabrication du vin, par BÉCHAMP. 1 vol. in-18.   2 50

Fours économiques à circulation d'air chaud, par A. CASTERMANN. 1 vol. grand in-8 avec 5 pl., 2e édit. Bruxelles.   2 50

Fosse (*La*) **à fumier**, par BOUSSINGAULT. In-8.   1 25

Fromage de Hollande. — Fabrication de fromage façon de Hollande, par LE SÉNÉCHAL, directeur de la vacherie impériale de Saint-Angeau. In-18 avec 20 fig.   50 c.
Fait partie de l'*Almanach de l'Agriculteur praticien* pour 1865.

Fumiers. Des fumiers et autres engrais animaux, par J. GIRARDIN, 6e édit. 1 vol. in-18 orné de 62 fig   2 50

Gardes forestiers (*Guide pratique à l'usage des*), traitant des arbres et arbustes forestiers, de l'ensemencement des diverses espèces et de l'agriculture forestière, etc., etc., par VIDAL. 1 vol. in-8º et 4 lithog. 3 fr.

Guano. — Du guano des mers du Sud, avec une carte des îles Chincha, par G. CUZENT. In-8º.   1 fr.

Houblon, par ERATH. 1 vol in-18. fig.   1 25

Hygiène vétérinaire appliquée. Étude de nos races d'animaux domestiques, multiplication, élevage, par MAGNE, 2e édit. 2 vol. in-8º. 16 fr.

Il faut semer clair, ou Moyen de remédier à la disette des céréales, trad. de l'anglais de DAVIS, par DE THIER. In-18.   30 c.

Incubation (*De l'*) **artificielle**, par A. LEROY. In-18 avec 2 fig. 50 c.

Irrigation. — Traité pratique de l'Irrigation des Prairies, par J. KEELHOFF. 1 vol. in-8º et atlas de 11 pl.   9 fr.

Jardin du Cultivateur, par NAUDIN. 1 vol. in-18.   1 25

Jaugeages. — Recueil de procédés de jaugeages, depuis le volume d'une source jusqu'à celui de tous les cours d'eau, à l'usage de l'agriculture et de toutes les industries comme force motrice, par GUEYMARD. in-8º.   2 50

Laiterie, Beurre et Fromages, par Félix VILLEROY. 1 vol. in-18 orné de 59 figures.   3 50

Landes de Bretagne (*Mise en valeur des*) par le défrichement et par l'ensemencement en bois, par le général DE LOURMEL. In-8.   2 fr.

Lapin domestique (*Instruction élément. pour élever le*), in-18. 50
Fait partie de l'*Almanach de l'Agriculteur praticien*, 1861.

Livre de la Ferme (*Le*) et des Maisons de campagne, publié sous la direction de P. Joigneaux. 2 vol. grand in-8° ornés de nombreuses fig. dans le texte. 32 fr.

Maison rustique des Dames, par Mme Millet-Robinet. 5e édit. 2 vol. in-18, ornés de 236 grav. 7 75

Maison rustique du XIXe siècle, publiée sous la direction de MM. Bailly, Bixio et Malepeyre. 5 vol. gr. in-8 ornés de 2,500 gr. 39 50

Matières fertilisantes, *engrais solides, liquides, naturels et artificiels*, par Gustave Heuze, 4e édit. 1 vol. in-8. 9 fr.

Médecine vétérinaire. — Manuel de médecine vétérinaire, par Verheyen, Defays et Husson. 1 vol. in-18. 2 50

Médecine vétérinaire. — Notions usuelles, par Sanson. 1 vol. in-18 avec figures. 1 25

Métairies. — Manuel du propriétaire de métairies, par J. Rieffel. 1 vol. in-18. 3 50

Métayage. Contrat, effets, améliorations, par de Gasparin. 2e éd. in-18. 1 25

Mouches à miel (*Traité sur les*), suivi des procédés pour faire le miel et la cire, avec divers modèles de ruche, par Bonnardel. In-8. 1 50

Mouton (*Le*), par Lefour. 1 vol. in-18 orné de 79 grav. 3 50

Noir animal (*Le*). Analyse, emploi, vente, par Bobierre. in-18. 1 25

Oies. (Voir *l'Education des poules* de F. Alexis Espanet, page 4.)

Oie et Canard. Des moyens à employer pour les engraisser afin d'en tirer de meilleurs produits, par Comarmond. In-8°. 1 fr.

Oiseaux domestiques. — Art de faire éclore et d'élever en toutes saisons des oiseaux domestiques de toute espèce, soit par le moyen de la chaleur du fumier, soit par le moyen de celle du feu ordinaire, par de Réaumur, Paris, 1749. 2 vol. in-12, reliés, ornés de 15 pl. 6 fr.

Osier (*Traité pratique de la culture de l'*, et de son usage dans l'industrie de la vannerie fine et commune, suivi d'un aperçu sur l'art du vannier, par A. Moitrier. 1 vol. in-8 avec 4 pl. 2 fr.

Œuvres de Jacques Bujault, complétées et accompagnées de notes inédites par J. Rieffel et Aybault, 3e édit. 1 vol. grand in-8 orné de 33 grav. 6 fr.

Pêche. *Voyez* **La chasse et la pêche**, *page* 16.

Pisciculture. Rapp. sur le repeupl. des cours d'eau et sur les travaux de piscic. de M. Millet, suivi des *Etud. sur les fécondations artificielles des œufs de poisson*, par MM. de Quatrefages et Millet. In-8. 1 25

Pisciculture et culture des eaux, par P. Joigneaux. 1 vol. in-18 orné de 61 figures. 3 50

Pisciculture. — Traité de Pisciculture. Multiplication artificielle des poissons, par J. Koltz. 1 vol. in-18 orné de 27 figures. 1 50

Plantes fourragères, par Gustave Heuze, professeur d'agriculture à Grignon, 3e édit. 1 vol. in-8 orné de 18 pl. col. et de 38 vign. 10 fr.

Plantes fourragères (*Traité des*, par H. Lecoq. 2e édit. 1 vol. in-8° orné de 40 grav. 7 50

Plantes industrielles (*Les*), par Gustave Heuze. 2 vol. in-8 ornés de 21 vignettes et de 10 pl. col. 18 fr.

Plantes racines, par Ledocte. in-18. fig. 1 25

Poulailler (*Le*. Monographie des poules indigènes et exotiques, par Ch. Jacque. 2e édit. 1 vol. in-18, 117 grav. 3 50

Poules (*Des*), ou Réformation de la basse-cour, par Beaufort de Lamarre. In-8. 75 c.

Poules (*Education des*, par Beaufort de Lamarre, suivie du *Chaponnage et de l'Engraissement de la Volaille* dans le Maine et la Bresse. In-18. 25 c.

Poules et Œufs, par E. Gayot. 1 vol. in-18 orné de 38 fig. 1 25

Poules (*Maladies des*). Causes et traitement. Trad. de l'angl. In-18. (Fait partie de l'*Almanach de l'Agriculteur praticien, 1862.*) 50 c.

Prairies, par Demoor. in-18. fig. 1 25

Prairies artificielles. Des causes de diminution de leurs produits études sur les moyens de prévenir leur dégénérescence, par Isidore Pierre, mémoire couronné par la Société d'agric d'Orléans. 1 vol. in-18. 1 fr.

Propriétaire architecte, contenant des modèles de maisons de ville et de campagne, de remises, écuries, orangeries, serres, etc., par U. Vitry. 2 vol. in-4 avec 100 grav. 20 fr.

Races bovines, par Dampierre. 1 vol. in-18. fig. 1 25

Révolution agricole, ou moyen de faire des bénéfices en cultivant les terres, par V.-F. Lebeuf. 1 vol. petit in-18. 3 fr.

Ruches. — Les ruches de tous les systèmes, ou examen et description des ruches anciennes et modernes, avec 51 fig. dans le texte, par Buzairies, avec des notes par Hamet. In-8. 1 50

Ruche à espacements (*Notice sur la*) et sa culture, par Sauria. In-8° avec 3 planches et tableaux - 1 fr.

Sangsues (*De l'Élève et de la Multiplication des*), visite aux marais des environs de Bordeaux, par Quenard. In-8. 75 c.

Sangsues (*Notice sur le marais à*) de Clairefontaine, par E. Soubeiran. In-8. 75 c.

Sarrasin (*Recherches analytiques sur le*), considéré comme substance alimentaire, par Isidore Pierre. In-8°. 1 25

Sol et Engrais, par Lefour. 1 vol. in-18. 1 25

Sorgho (*Composition chimique et extraction du sucre de la canne de*), par Paul Madinier. In-8. 60 c.

Sorgho à sucre (*Le*). Culture, récolte, emploi de la graine, extraction du jus sucré, distillation, etc., par Paul Madinier. In-8. 60 c.
(Extrait de l'*Agriculteur praticien.*)

Sorgho sucré (*Le*), sa culture comme plante fourragère et comme plante alcoolisable et saccharine, par Louis Hervé. In-8. 60 c.

Soufrage des vignes (*Instruction sur le*), par Le Canu. In-18. 50 c.

Soufrage des Vignes malades (*Manuel pour le*). Emploi du soufre, ses effets, par H. Marès. 4e édit. 1 vol. in-18, fig. 1 fr.

Tarif métrique pour la réduction des bois en grume et carrés, etc., par J.-F. Leclerc. In-8 3 fr.

Taupier (*L'Art du*), ou Méthode amusante et infaillible pour prendre les taupes, par Dralet. 16e édit. 1 vol. in-12, fig. 1 fr.

Travaux des champs, par Victor Borie. in-18 avec fig. 1 25

Truite. — De la pisciculture de la truite, par Comarmond. In-8. 1 50

Vaches laitières (*Traité des*) et de l'espèce bovine en général, par F. Guénon, 4e édit. 1 vol. in-8°, nombreuses fig. 6 fr.

Vaches laitières (*Abrégé du traité des*) par F. Guénon. 1 vol. in-18, nombreuses fig. 2 fr.

Vaches laitières (*Choix des*), par Magne. 1 vol. in-18. fig. 1 25

Vache laitière (*Traité spécial de la*) et de l'élève du bétail, par Collot, 2e édit. 1 vol. in-8° et planches. 6 fr.

Vers à soie (*Conseils aux nouveaux éducateurs de*), par F. de Boullenois, 2e édit. 1 vol. in-8°. 3 50

Vigne (*Nouvelle Culture de la*) en plein champ, sans échalas ni attaches, par Trouillet. 3e édit. in-18 avec 15 gravures. 2 fr.

Vigne (*Régénération de la*) par une nouvelle plantation, par E. Trouillet. In-18. 75 c.

Vigne. — Résumé des opérations à suivre pendant le cours de la végé-

tation de la vigne et étude de la rupture des bourgeons à l'état herbacé,
par E. Trouillet. Tableau in-folio, fig. et texte.   50 c.

Vigne (*Culture de la*) **et vinification**, par J. Guyot. 1 vol. in-18. Fig.
dans le texte.   3 50

Vigne — Le quatrième livre du *Rustican de Pierre Crescenzi*,
consacré à la vigne, à sa culture et à l'étude de son produit. In-8. 2 fr.
Traduct. d'une partie d'un ouvrage publié pour la première fois en 1471.

Vigne, par Carrière. 1 vol. in-18 orné de 120 fig. dans le texte. 3 50

Vigne (*Nouveau mode de culture et d'échalassement de la*),
applicable à tous les vignobles où l'on cultive les vignes basses, par
T. Collignon. 1 vol. in-8 avec 3 pl.   3 fr.

Vigneron. — Guide pratique du Vigneron, par Fleury-Lacoste. In-8°
de 32 pages.   40 c.

Vigneron (*Manuel du*). Exposé des divers procédés de culture de la
vigne et de vinification, par Odart. 3e édit. 1 vol. in-18.   4 50

Vignes rouges et vins rouges en Maine-et-Loire, par Guillory aîné.
1 vol. in-8 avec pl.   2 50

Vignoble de l'Orléanais. — Conférences par le docteur Guyot. In-8°
de 32 pages.   30 c.

Vignobles. — Culture perfectionnée et moins coûteuse des vignobles,
par A. Dubreuil. 1 vol. in-18, orné de 144 fig. dans le texte.   3 50

Vin. — L'art de faire le vin, par Ladrey. 1 vol. in-18.   3 fr.

Viticulture. Etudes comparées sur la viticulture, par Pistor-Paillet.
In-12.   75 c.

Bibliothèque de l'Horticulteur praticien.

Almanach du Jardinier-Fleuriste pour 1865, suivi de notes sur le
jardin potager, 12e année. 1 vol. in-18 avec fig. dans le texte.   50 c.
Les années 1859, 1860, 1861, 1863 et 1864, chaque   50 c.

Arbres fruitiers (*Des*) **et de la Vigne,** par Ysabeau. 1 vol. in-18. 75 c.

Arbres fruitiers et de la Vigne (*Nouvelle Méthode de taille des*),
par Picot-Amette. 3e édit. 1 vol. in-18 orné de 37 grav. dans le texte. 1 50

Arbres fruitiers (*Instructions élémentaires sur la taille des*), par
Lachaume. 1 vol. in-18 orné de 20 fig.   1 fr.

Arbres fruitiers (*Les*). Manuel populaire de culture, marcottage, bou-
turage, greffage et taille, par P. Joigneaux. 1 vol. in-18 orné de 111 grav.
et du portrait de van Mons.   2 50

Asperges (*Instructions pratiques sur la plantation des*), par Bos-
sin. 2e édition. 1 vol. in-18.   75 c.

Bouturer, greffer, marcotter et semer (*Guide pour*) les plantes
d'ornement, annuelles ou vivaces, arbres et arbustes, extrait en partie
du Jardin fleuriste, par Ch. Lemaire et Lequien. in-18 orné de 35 fig. 1 fr.

Camellias (*Culture des*), par de Jonghe. 2e édit. 1 vol. in-18. 1 fr.

Champignons (*Culture des*), avec l'indication d'une nouvelle méthode
pour en obtenir en tous lieux par l'emploi de la mousse, suivi d'une
nomenclature des champignons comestibles et vénéneux, par Salle,
2e édit. 1 vol. in-18, fig. dans le texte.   1 fr.

Chrysanthème de l'Inde (*Culture du*), suivie de la description de
250 variétés, par Bernieau. 1 vol. in-18. (*Sous presse.*)

Fuchsia (*Histoire et Culture du*), suivies de la description de 540
espèces et variétés, par F. Porcher. 1 vol. in-18. 3e édit.   2 fr. 25

Fraises. — Les Bonnes Fraises. Manière de les cultiver pour les avoir
au maximum de beauté, suivi d'un calendrier indiquant les travaux à

faire dans une fraisière pendant les douze mois de l'année, par Ferdinand
GLOEDE. 1 vol. in-18 orné de figures   2 fr.

Greffe. — Traité de la greffe des arbres fruitiers et spécialement de la
greffe des boutons à fruit, par l'abbé DUPUY. 1 vol. in-18 avec 24 pl.
lithographiées.   2 50

Jardin Fleuriste (*Le*), ou Instructions pour la culture des plantes
d'ornement, annuelles ou vivaces, arbres et arbustes, oignons à fleurs, etc.,
par Ch. LEMAIRE et LEQUIEN. 2e édit. 1 vol. in-18 orné de 31 figures. 3 50

Melons (*Culture des*). Méthode simple et précise pour obtenir les
melons d'une grosseur extraordinaire, etc., par DUFOUR DE VILLEROSE.
2e édit. 1 vol. in-18 orné de 5 grav.   1 fr.

Pêcher. — Instructions pratiques sur la culture du pêcher, par LAS-
NIER. In-18.   50 c.

Poirier. — Culture du poirier. comprenant la plantation, la taille, la
mise à fruit et la description abrégée des cent meilleures poires, par Ch.
BALTET. 3e édit. des *Bonnes Poires*, 1 vol. in-18.   1 fr.

Fruits et légumes de primeur (*Traité général de la culture forcée par le thermosiphon des*), par le comte LÉONCE DE LAMBERTYE.
    Cet ouvrage sera publié en six livraisons de 48 pages in-8º.
    Prix de chaque livraison.   1 25
        Les livraisons seront ainsi composées :
Melon et Concombre, 1 livr. ; — **Ananas**. 1 livr. ; — **Vigne**,
1 livr. ; — **Fraisier**, 1 livr. ; — **Groseillier, Framboisier, Fi-
guier**, 1 livr. ; — **Pêcher, Prunier, Cerisier, Abricotier**, 1 livr. ;
— **Tomates, Haricots**, 1 livr.
    Les livraisons **Vigne, Melon et Concombre** et **Fraisier** *sont parues*.
    Des rapports très-favorables de cet ouvrage ont déjà été faits par la
Société impériale d'Horticulture de Paris et par un grand nombre
de Sociétés les plus importantes des départements.

Arbres fruitiers, Botanique, Culture potagère, Jardinage.

Annuaire horticole pour 1865, contenant les adresses des principaux
horticulteurs, pépiniéristes et grainiers de l'Europe, avec l'indication de
la spécialité de leurs cultures, etc., par INGELREST. In-12.   1 50

Arboriculture (*L'*) **des Écoles primaires**. ou Notions d'arboriculture
fruitière mises à la portée des enfants, par J. BRÉMOND. 2e édit., 1 vol.
in-18 et atlas.   2 fr.

Arboriculture (*L'*) **fruitière en 26 leçons**, par GRESSENT. 3e édit. 1 vol.
in-18 avec fig. dans le texte.   6 fr.

Arboriculture (*Cours d'*), par DUBREUIL. 5e édit. 2 vol. in-18. 12 fr.

Arboriculture. Leçons élémentaires, théoriques et pratiques d'arboriculture, par GRESSENT. in-18.   1 50

Arboriculture (*Notions préliminaires d'*) à la portée de tout le monde.
Conseils pratiques, par E. TROUILLET. 2e édit. In-18 orné de 21 fig.   1 fr.

Arbres et arbustes rustiques (*Traité des*) en Belgique, par de PIER-
PONT, 1 vol. in-18.   3 50

Arbres fruitiers. — Le pincement court ou méthode de direction des
arbres, et notamment du pêcher, par GRIN aîné. In-8 et 5 pl.   1 50

Arbres fruitiers. Manuel théorique et pratique de la culture forcée
des arbres fruitiers, comprenant tout ce qui concerne l'art de faire mûrir

leurs fruits hors de saison, par PYNAERT. 1 vol. in-18 orné de 12 fig. 5 fr.
Cet ouvrage a été couronné par la Société impériale d'horticulture de Paris.

Arbres fruitiers (*Instruction élémentaire sur la conduite des*), par DUBREUIL. 5e édit. 1 vol. in-18, fig. 2 50

Arbres fruitiers (*Tableau de la conduite et de la taille des*), avec texte explicatif, par l'abbé DUPUY. In-plano. 2 fr.

Arbres fruitiers. Taille et mise à fruit, par PUVIS. 1 vol. in-18. 1 25

Arbres fruitiers (*Taille raisonnée des*), par J.-A. HARDY. 5e édit. 1 vol. in-8 avec figures. 5 50

Arbres fruitiers (*Traité de la culture des*). Procédé pour hâter et assurer une abondante récolte de fruits même sur les arbres les plus stériles, etc., par POULET. In-8º. 50 c.

Arbres fruitiers. — Traité de la culture des arbres fruitiers, contenant une nouvelle méthode de les tailler, avec une méthode particulière de guérir les maladies qui attaquent les arbres fruitiers, par FORSYTH, 2e édit., 1805. 1 vol. in-8º orné de 13 pl. (Exempl. broch. ou rel.) 5 50

Arbres fruitiers (*Traité des*), contenant leur figure, leur description, leur culture, etc., par DUHAMEL DU MONCEAU, 1768. 2 vol. grand in-4º reliés, ornés de 181 planches gravées. 45 fr.

Asperges. Culture en plein air, par LHERAULT-SALBOEUF, in-18. 50 c.

Asperges. Les asperges, les fraises et les figues, par LEBEUF, 2e édit., 1 vol. in-18. 1 50

Asperges (*Culture des*), par LOISEL. 1 vol. in-12. 1 25

Bon Jardinier (*Le*, pour 1865, par POITEAU, VILMORIN, DECAISNE, NEUMANN, PEPIN. 1 vol. in-12. 7 fr.

Bon Jardinier (*Figures de l'Almanach du*), par DECAISNE, 20e éd., 632 grav. et 45 pl. 1 vol. in-12. 7 fr.

Botanique populaire, contenant l'histoire de toutes les parties des plantes, par H. LECOQ. 1 vol. in-18 orné de 215 grav. 3 50

Botaniste (*Petit Manuel du*) et de l'Herboriste, suivi de principes de médecine, de pharmacie, etc. 2e éd. 1 vol. in-12. 1 75

Boutures. (*Voir le* **Jardin fleuriste**, page 11.)

Cactées. — Monographie de la famille des cactées, suivie d'un traité complet de culture, etc., par LABOURET. 1 vol. in-18. 7 50

Catalogue descriptif et raisonné des arbres fruitiers et d'ornement pour 1863, par André LEROY. In-8. 1 fr.

Catalogue raisonné et précédé d'instr. sr la plant., la taille des arbres fruitiers, arbustes et rosiers cultivés chez JAMAIN et DURAND. In-4. 1 50

Champignons et Truffes, par RÉMY. in-18 avec 12 pl. color. 3 50

Chasselas (*Culture du*), à Thomery, par ROSE CHARMEUX. 1 vol. in-18 orné de 41 fig. 2 fr.

Concombre. — Culture forcée. *Voyez* **Melon**, page 11.

Conifères de pleine terre. Notice sur 86 variétés, par Paul DE MORTILLET. 2e édit. in-8. 1 50

Culture maraîchère de Paris, par MOREAU et DAVERNE. 2e éd. in-8. 5 fr.

Culture maraîchère, par COURTOIS-GÉRARD. 4e éd. 1 vol. in-18. 3 50

Culture maraîchère dans les petits jardins, par COURTOIS-GÉRARD. 4e édit. 1 vol. petit in-18 avec 15 grav. 1 fr.

Culture potagère (*Nouv. Traité de*), par JOIGNEAUX, 1 vol. in-18. 2 25

Encyclopédie horticole, par CARRIERE, 1 vol. in-18. 5 fr.

Fécondation naturelle et artificielle des végétaux (*De la*) et de l'hybridation, par H. LECOQ. 2e édit., 1 vol. in-8 orné de 106 grav. 7 50

Fleurs coloriées (*Album de*) annuelles et vivaces, par VILMORIN-ANDRIEUX. 12 planches sont en vente. Chaque planche avec texte. 4 fr.

Fleurs (*De la Culture des*) dans les appartements, sur les fenêtres et dans les petits jardins, par COURTOIS-GÉRARD. 1e édit. In-18 1 fr.

Fleurs (*Instructions pour les semis de*) de pleine terre, par Vilmo-rin-Andrieux. 4e édit. In-16.   75 c.

Flore élémentaire des jardins et des champs, avec des clefs ana-lytiques conduisant promptement à la détermination des familles et des genres, et un vocabulaire des termes techniques, par Le Maout et De-caisne. 2 vol. petit in-8.   9 fr.

Fraisier. — Sa culture forcée, par le comte de Lambertye. In-8. 1 25

Fraisier, sa botanique, son histoire, sa culture, par le comte Léonce de Lambertye. 1 vol. in-8.   5 fr.
Ouvrage honoré de la souscription de Son Exc. le ministre de l'agriculture et du commerce.
Couronné par les Sociétés d'hortic. de Bordeaux, Paris, Reims, Rouen, Tours, etc.

Fruits et Légumes de primeur (*Culture forcée des*). (*Voir* page 11.)

Graines et Fruits. — Des moyens de grossir les graines et les fruits, de doubler les fleurs et d'en varier à volonté les proportions et la forme, par Achille Barbier. In-8.   1 fr.

Greffes diverses. (*Voir le Jardin fleuriste*, page 11.)

Horticulteur praticien (*L'*), Revue de l'horticulture française et étrangère, par MM. Galeotti, Funck, comte de Lambertye, Morren, etc. 1858 à 1862. 5 vol. grand in-8° ornés de 120 planches coloriées et de gravures dans le texte.   40 fr.

Horticulture (*Entr. famil. sur l'*), par E.-A. Carrière. 1 vol. in-18. 3 50

Horticulture. Principes d'horticulture extraits des **Instructions pour les jardins fruitiers et potagers**, par de la Quintinye, avec notes sur les nouveaux modes de culture et de formes d'arbres fruitiers, etc., par Ch. Morel. 1 vol. in-8° orné de 16 fig. dans le texte.   4 50

Jardin fleuriste (*Le*). Journal horticole et botanique, contenant l'his-toire, la description et la culture des plantes les plus rares et les plus méri-tantes nouvellement introduites en Europe. Ouvrage complet en 4 gros vol. grand in-8° ornés de 432 planches coloriées et de fig. dans le texte.   50 fr.

Jardin fruitier. — L'École du jardin fruitier, qui comprend l'origine des arbres fruitiers, le choix, la plantation, la transplantation des arbres ; les pépinières, les greffes, la taille et les formes qu'on peut donner aux arbres fruitiers, etc., par de la Bretonnerie, 1784 et autres dates. 2 vol. in-12 reliés ou brochés.   5 fr.

Jardin fruitier du Muséum, ou iconographie de toutes les espèces et variétés d'arbres fruitiers cultivés dans cet établissement, avec leur description, leur histoire, leur synonymie, etc., par J. Decaisne. Cet ouvrage paraît par livraisons in-4° de 4 planches supérieurement gravées et coloriées avec texte. La 78e livr. vient de paraître. Prix de la livr. 5 fr.

Jardinage (*La pratique du*), par Roger Schabol. 2 vol. in-12 reliés. (*Rare et recherché.*)   6 fr.

Jardinage (*La théorie du*), par l'abbé Roger Schabol. 1 vol in-12 relié. (*Rare et recherché.*)   3 50

Jardinage (*Manuel de*), par Courtois-Gérard, 6e éd. 1 vol. in-18. 3 50

Jardinier amateur. — Petit dictionnaire manuel du jardinier ama-teur, par Moléri. 1 vol. in-18.   2 50

Jardinier. — Le Nouveau Jardinier illustré, par Lavallée, Neumann, Verlot, Courtois-Gérard, Burel, etc. 1 vol. in-18 orné de 500 fig. dans le texte.   7 fr.

Jardinier des fenêtres, des appartements, etc., par Rémy. 4e édit. 1 vol. in-18.   3 50

Jardinier fruitier (*Le*). Principes simplifiés de la taille des arbres fruitiers, par E. Forney. 2 vol. in-8. fig.   8 fr.

Jardinier multiplicateur (*Guide pratique du*), ou Art de propager les végétaux par semis, boutures, greffes, etc., par Carrière. In-18. 3 50

Jardinier paysagiste. — Guide pratique du jardinier paysagiste. Album de 24 plans coloriés sur la composition et l'ornementation des jardins d'agrément à l'usage des amateurs, propriétaires et architectes, par SIEBECK, avec introduction par NAUDIN. In-folio cart.   25 fr.

Jardinier solitaire (*Le*), ou Dialogues entre un curieux et un jardinier solitaire, contenant la méthode de faire et de cultiver un jardin fruitier et potager. etc., 1 vol. in-12 relié. (*Ancien et rare.*)   3 fr.

Jardins. — Manuel de l'amateur des jardins. Traité général d'horticulture, par DECAISNE et NAUDIN. 1re partie. 1 vol. in-8 orné de 203 fig. dans le texte.   7 50

Jardins (*Traité de la composition et de l'ornement des*), avec 161 pl. représentant, en plus de 600 fig., des plans de jardins, des machines pour élever les eaux, etc. 6e édit. 2 vol. in-4 oblong.   25 fr.

Jardin d'agrément. — Tracé et ornementation, par BONA, 3e édit. 1 vol. in-18 orné de 238 fig.   2 50

Jardin potager (*L'École du*), qui comprend la description des plantes potagères, les qualités de terre et les climats qui leur sont propres, etc.; la manière de dresser et conduire les couches, et d'élever des champignons en toutes saisons, par DE COMBLES. 2 vol. in-12 reliés. (*Rare.*)   6 fr.

Légumes coloriés (*Album de*), par VILMORIN-ANDRIEUX. 13 planches sont en vente. Chaque planche se vend séparément.   3 fr.

Légumes et Fruits, par JOIGNEAUX. 1 vol. in-18.   1 25

Maladies des arbres fruitiers. Moyen très-simple de les prévenir et de les guérir, par LAHAYE. 1re partie : *Arbres à pepins.* In-8°.   1 50

Melons (*Traité complet de la culture des*), par LOISEL. 3e éd. 1 25

Melon et Concombre. — Leur culture forcée, par le comte DE LAMBERTYE. In-8°.   1 25

Œillets (*Culture des*), par RAGONOT-GODEFROY. In-12, fig. 2e éd. 1 25

Oignons à fleurs coloriés (*Album d'*), par VILMORIN-ANDRIEUX. 4 livraisons sont en vente. Chaque planche se vend séparément.   4 fr.

Orchidées (*Culture des*). Instructions sur leur récolte, expédition et mise en végétation, par MOREL, 1 vol. in-8°.   5 fr.

Parcs et Jardins. — Prix de règlement ou tarif des travaux de jardinage, de plantations, d'exploitat. des forêts, etc., par LECOQ. Gr. in-8. 3 fr.

Pêchers (*Traité de la culture des*), par DE COMBLES. 1 vol. in-12. (*Ouvrage ancien et rare.*)   3 fr.

Pêcher en espalier carré (*Pratique raisonnée de la taille du*), par Al. LEPÈRE. 5e édit. 1 vol. in-8 avec 8 planches.   4 fr.

Pelargonium, par THIBAULT. 1 vol. in-18.   1 25

Pensée (*La*), la **Violette.** l'**Auricule** ou Oreille-d'Ours, la **Primevère.** Histoire et culture, par RAGONOT-GODEFROY. in-18, fig. col. 2 fr.

Pépinières, par CARRIÈRE. 1 vol. in-18.   1 25

Plantes, Arbres et Arbustes (*Manuel général des*). Description et culture de 25,000 plantes indigènes d'Europe ou cultivées dans les serres; par MM. HÉRINCQ et JACQUES, pour les trois premiers volumes, et DUCHARTRE, pour le 4e volume. 4 vol. petit in-8 à 2 colonnes.   36 fr.

Plantes de serre froide, par DE PUYDT. 1 vol. in-18.   1 25

Plantes de terre de bruyère. — Description, histoire et culture des rhododendrons, azalées, camellias, bruyères, épacris, etc., par E. ANDRE. 1 vol in-18 orné de 30 fig.   3 50

Poires. — Quarante poires pour les dix mois de juillet à mai. — Monographie divisée en quatre séries de dix poires, dont la maturation s'effectue pendant chacun des mois de juillet à mai, etc., par P. DE MORTILLET, 2e édit. 1 vol. in-8 avec 40 fig. au trait de grandeur naturelle. 3 50

Poirier (*Taille du*) **et du Pommier** en fuseau, par CHOPPIN. 1 vol. in-8, fig., 3e édition.   3 fr.

Potager moderne (*Le*). Traité complet de la culture des légumes, par GRESSENT. 1 vol. in-18. 6 fr.

Reine-Marguerite (*Culture de la*), par MALINGRE. In-18. 30 c.

Rose (*La*), histoire, culture, poésie, par P.-L.-A. LOISELEUR-DES-LONGCHAMPS. 1 vol. in-12, fig. 3 50

Rose (*La*) chez les différents peuples, anciens et modernes ; description, culture et propriété des Roses, par CHESNEL, 1838. 1 vol. petit in-18. 1 25

Rosier (*De la Culture du*), avec quelques vues sur d'autres arbres et arbustes, par le comte LELIEUR, 1811. 1 vol. in-12. 1 25

Rosier. — La taille du rosier, sa culture, ses belles variétés, par E. FORNEY. 1 vol. in-18 orné de 52 fig. 2 fr.

Rosier, culture, multiplication. *Voir le* **Jardin fleuriste.**

Rosier, Violette, Pensée, etc., par MARX-LEPELLETIER. 1 vol. in-18. 1 25

Serres (*Art de construire et de gouverner les*), par NEUMANN, 2e éd. 1 vol. in-4 avec 23 pl. grav. 7 fr.

Thermosiphon (*L'Art de chauffer par le*), ou **Calorifère à air chaud**, par A***. 1 vol. in-4, avec 21 planches gravées. 2e édit. 3 fr.

Encyclopédie illustrée du Sportsman.

Chasseur infaillible. — Le Chasseur infaillible (*the Dead Shot*) ou Guide complet du sportsman pour l'usage du fusil, contenant des leçons progressives sur le tir de toute espèce de gibier, le tir aux pigeons, le dressage des chiens, par MARKSMAN, traduit de l'anglais sur la 3e édition par Ch. KERDOEL, augmenté d'un appendice sur le tir de la caille, des oiseaux de marais et du gibier de mer. 1 vol. in-18. 3 50

Chevaux. — Conseils aux acheteurs de chevaux, ou Traité de la conformation extérieure du cheval à l'état de santé ou de maladie, avec de nombreuses instructions pour l'appréciation, avant la vente, des vices, défauts, affections, etc., suivi de la loi sur les vices rédhibitoires et la garantie du vendeur, par JOHN STEWART, traduit de l'anglais par le baron D'HANENS. 1 vol. in-18. 3 50

Ecurie. — Economie de l'Ecurie. Traité de l'entretien et du traitement des chevaux (écurie, pansage, nourriture, boisson, travail), par JOHN STEWART, traduit de l'anglais sur la 7e édition par le baron D'HANENS. 1 vol. in-18. 3 50

Bécasse. Le Chasseur à la bécasse, par SYLVAIN (Th. POLET DE FAVEAUX). 1 vol. in-12 orné de 35 figures dans le texte. 3 50

Cailles, Perdrix, Colins ou Cailles d'Amérique. Guide pratique pour les élever, etc., par ALLARY. Edition augmentée d'un chapitre sur l'*Incubation artificielle*, par A. LEROY. 1 vol. in-18. Fig. 1 50

Chasse. Carnet de chasse. in-18 oblong, joli cartonnage, toile anglaise. 2 50

Chasse aux petits oiseaux. — Manuel du tendeur, récit de chasse aux petits oiseaux, suivi d'une notice sur le rossignol, par J. CRAHAY. 1 vol. in-18. 1 25

Chasse (*La*) **et la Pêche** en Angleterre et sur le continent. Trad. de divers ouvrages anglais, 1842. 1 vol. in 8o, orné de 52 grav. 3 50

Coq de bruyère (*La chasse au*). Histoire naturelle, mœurs, lieux habités par ces oiseaux. L'art de les chercher, de les tirer, de les élever en volière, par Léon DE THIER. 1 vol. in-18. 2 50

Faisans, Canards mandarins, Cygnes, etc. Guide pratique pour les élever, par ARTHUR LEGRAND. 1 vol. in-18 avec fig. 2 fr.

Oiseaux de volière (*Manuel de l'amateur des*), ou Instruction pour connaître, élever, conserver et guérir toutes les espèces d'oiseaux que l'on aime à garder en volière ou dans la chambre, par BECHSTEIN. Trad. de l'allemand sur la 2e édit. 1 vol. in-18.   3 50

Rossignols. Manuel sur l'art de prendre vivants et d'élever les rossignols, par CONORT. 1838. In-18.   2 50

Venerie (*La*) **de Iacqves dv Fovillovx,** seignevr dvdit lieu, gentilhomme du pays de Gastine en Poictov, dédié av Roy. De nouveau reneue, augmentée de la méthode pour dresser et faire voler les oyseaux, par M. DE BOISOUDAN, précédée de la biographie de Jacques du Fouilloux, par M. PRESSAC. 1 vol. in-4º orné de nombr. grav. et de lettres ornées. 15 fr.

JOURNAUX D'AGRICULTURE ET D'HORTICULTURE.

L'AGRICULTEUR PRATICIEN, *Revue de l'Agriculture française et étrangère,* publié avec la collaboration des Agriculteurs et Agronomes les plus distingués de la France et de l'étranger.

Ce Journal, dans lequel sont traitées toutes les questions agricoles les plus importantes, est le meilleur marché des Journaux publiés à Paris. Il paraît les 15 et 30 de chaque mois. — L'abonnement date du 1er janvier. La 12e année est en cours de publication.

PRIX DE L'ABONNEMENT POUR L'ANNÉE :

Paris, les départements, l'Algérie et la Corse	6 fr.	» c.
Royaume d'Italie	7	»
Belgique, Espagne, Portugal, Suisse et Colonies	7	50
Les onze années publiées	55	»
Chaque année séparément	6	»

L'APICULTEUR, *Journal des Cultivateurs d'abeilles, Marchands de miel et de cire,* publié sous la direction de M. HAMET.

Ce Journal paraît le 1er de chaque mois, par livraisons de 52 pages avec figures dans le texte. — L'abonnement date du 1er octobre. La 10e année est en cours de publication.

PRIX DE L'ABONNEMENT POUR L'ANNÉE :

Paris, les départements, l'Algérie et la Corse .... 6 fr.
L'étranger, port en sus.

FLORE DES SERRES ET DES JARDINS DE L'EUROPE,

description et figures des plantes les plus rares nouvellement introduites sur le continent ou en Angleterre, publiée par VAN HOUTTE.

Cet ouvrage paraît à des époques indéterminées, par cahiers grand in-8 composés de 9 planches coloriées et 52 pages de texte ornées de gravures sur bois. Le tome 15 est en cours de publication.

PRIX DE LA SOUSCRIPTION AU VOLUME :

Paris, les départements, l'Algérie et la Corse .... 58 fr.
L'étranger, port en sus.

L'ILLUSTRATION HORTICOLE, *Journal spécial des serres et des jardins,* par LEMAIRE, et publié par VERSCHAFFELT. Un cahier grand in-8 tous les mois, grav. dans le texte et 4 pl. coloriées. La 12e année est en cours de publication.

PRIX DE L'ABONNEMENT : 18 FR.

ON S'ABONNE A CES JOURNAUX

En envoyant un bon de poste ou un mandat à vue sur Paris et sur *papier timbré,* à l'ordre de M. Ate Goin, éditeur, rue des Ecoles, 82.

Evreux, A. HÉRISSEY, imprimeur. — 765